农事指南系列丛书

甘薯产业关键实用技术100问

李 强 等 编著

中国农业出版社
北 京

图书在版编目（CIP）数据

甘薯产业关键实用技术100问 / 李强等编著. —北京：中国农业出版社，2021.7（2022.1重印）
（农事指南系列丛书）
ISBN 978-7-109-27993-3

Ⅰ.①甘… Ⅱ.①李… Ⅲ.①甘薯—栽培技术—问题解答 Ⅳ.①S531-44

中国版本图书馆CIP数据核字（2021）第038358号

中国农业出版社出版
地址：北京市朝阳区麦子店街18号楼
邮编：100125
策划编辑：张丽四
责任编辑：卫晋津　　文字编辑：宫晓晨
责任校对：刘丽香
印刷：北京缤索印刷有限公司
版次：2021年7月第1版
印次：2022年1月北京第2次印刷
发行：新华书店北京发行所
开本：700mm × 1000mm　1/16
印张：12.5
字数：210千字
定价：68.00元

农事指南系列丛书编委会

本书编写人员名单

主　编　李　强　江苏徐淮地区徐州农业科学研究所　研究员

参　编　谢一芝　江苏省农业科学院　研究员

张永春　江苏省农业科学院　研究员

胡良龙　农业农村部南京农机化研究所　研究员

张文毅　农业农村部南京农机化研究所　研究员

徐雪高　江苏省农业科学院　研究员

唐忠厚　江苏徐淮地区徐州农业科学研究所　副研究员

孙　健　江苏徐淮地区徐州农业科学研究所　副研究员

张成玲　江苏徐淮地区徐州农业科学研究所　副研究员

周志林　江苏徐淮地区徐州农业科学研究所　副研究员

刘亚菊　江苏徐淮地区徐州农业科学研究所　副研究员

王　欣　江苏徐淮地区徐州农业科学研究所　研究员

杨冬静　江苏徐淮地区徐州农业科学研究所　助理研究员

赵冬兰　江苏徐淮地区徐州农业科学研究所　副研究员

朱　红　江苏徐淮地区徐州农业科学研究所　副研究员

张　毅　江苏徐淮地区徐州农业科学研究所　助理研究员

靳　容　江苏徐淮地区徐州农业科学研究所　助理研究员

王公仆　农业农村部南京农机化研究所　助理研究员

严　伟　农业农村部南京农机化研究所　助理研究员

丛书序

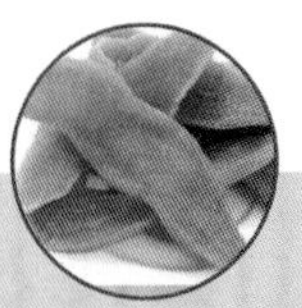

习近平总书记在2020年中央农村工作会议上指出，全党务必充分认识新发展阶段做好“三农”工作的重要性和紧迫性，坚持把解决好“三农”问题作为全党工作重中之重，举全党全社会之力推动乡村振兴，促进农业高质高效、乡村宜居宜业、农民富裕富足。

“十四五”时期，是江苏认真贯彻落实习近平总书记视察江苏时“争当表率、争做示范、走在前列”的重要讲话指示精神、推动“强富美高”新江苏再出发的重要时期，也是全面实施乡村振兴战略、夯实农业农村现代化基础的关键阶段。农业现代化的关键在于农业科技现代化。江苏拥有丰富的农业科技资源，农业科技进步贡献率一直位居全国前列。江苏要在全国率先基本实现农业农村现代化，必须进一步发挥农业科技的支撑作用，加速将科技资源优势转化为产业发展优势。

江苏省农业科学院一直以来坚持以推进科技兴农为己任，始终坚持一手抓农业科技创新，一手抓农业科技服务，在农业科技战线上，开拓创新，担当作为，助力农业农村现代化建设。面对新时期新要求，江苏省农业科学院组织从事产业技术创新与服务的专家，梳理研究编写了农事指南系列丛书。这套丛书针对水稻、小麦、辣椒、生猪、草莓等江苏优势特色产业的实用技术进行梳理研究，每个产业提练出100个技术问题，采用图文并茂和场景呈现的方式“一问一答”，让读者一看就懂、一学就会。

丛书的编写较好地处理了继承与发展、知识与技术、自创与引用、知识传播与科学普及的关系。丛书结构完整、内容丰富，理论知识与生产实践紧密结合，是一套具有科学性、实践性、趣味性和指导性的科普著作，相信会为江苏农业高质量发展和农业生产者科学素养提高、知识技能掌握提供很大帮助，为创新驱动发展战略实施和农业科技自立自强做出特殊贡献。

农业兴则基础牢，农村稳则天下安，农民富则国家盛。这套丛书的出版，标志着江苏省农业科学院初步走出了一条科技创新和科学普及相互促进、共同提高的科技事业发展新路子，必将为推动乡村振兴实施、促进农业高质高效发展发挥重要作用。

2020年12月25日

序

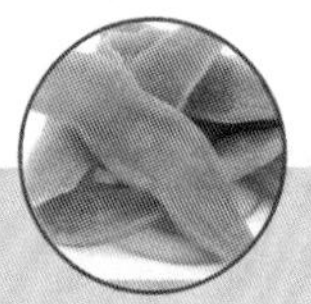

甘薯是重要的粮食及工业和食品原料作物，在亚洲、非洲和拉丁美洲等热带、亚热带、温带地区广为栽培。甘薯在世界粮食生产中，总产量排在第八位，年总产量约为1.0亿吨。我国是世界上最大的甘薯种植国，种植范围十分广泛，东北至黑龙江省的讷河一带，北至内蒙古自治区的包头一带，西北至新疆伊犁一带。甘薯为无性繁殖作物，具有高产稳产、适应性强的特点，富含膳食纤维、淀粉、维生素、矿物质、蛋白质等人体必需的重要营养成分，以及多酚、多糖等活性成分，具有抗炎、抗氧化等保健作用，是保障我国粮食安全和食品安全的重要作物，是调优农业种植结构、促进农民增收、助力乡村振兴的首选作物。近年来我国甘薯种植面积稳定在300万公顷左右，占世界甘薯种植面积的1/3左右，总产量占世界甘薯总产量的60%左右。

为深入贯彻落实党中央、国务院实施乡村振兴战略的重大决策部署和《乡村振兴战略规划（2018—2022年）》《江苏省乡村振兴战略实施规划（2018—2022年）》，充分发挥江苏省农业科学院系统内农业领域专家资源以及江苏农科传媒公司、中国农业出版社在农业科技图书专业出版领域的渠道优势，紧扣江苏省“三农”工作实际，以乡村振兴和农技推广的实际需求为导向，以农业生产中存在的关键性技术问题为切入点，按照主导产业、特色产业的全产业链涉及学科领域分类，为从事农业生产的一线农技推广人员、农业生产人员以及“三农”管理者量身编撰出版一套看得懂、用得上、喜欢看的高质量系列图书，江苏省农业科学院组织编写农事指南系列丛书，旨在为江苏省、长三角乃至全国全面建成小康社会、深入实施乡村振兴战略助力，为江苏省农业科学院90周年院庆献礼。

《甘薯产业关键实用技术100问》为农事指南系列丛书之一，面向一线甘薯生产者、加工者和管理者，具有较强的指导性、针对性、实用性和可操作性。本书内容丰富、文字精练，以一问一答的形式，循序渐进地引导甘薯生产者了解甘薯产业全产业链中的关键技术，指导甘薯生产者和加工者科学选用品种、绿色种植甘薯、实现高效利用。全书图文并茂，具有很强的可读性，将为江苏省、长三角乃至全国甘薯生产者、加工者和管理者提供参考。

2020年10月

前　言

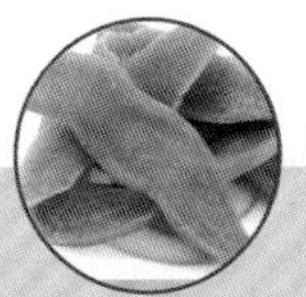

甘薯是世界重要的粮食作物及工业和食品原料作物。我国是世界上最大的甘薯种植国。甘薯因其高产稳产、适应性强，营养成分和活性成分丰富，种植比较效益高等特点，越来越受到生产者和消费者的青睐，已成为调优农业种植结构、促进农民增收、助力乡村振兴的重要作物。

尽管甘薯种植要求条件不高，但甘薯有淀粉加工型、鲜食及食品加工型，以及特用型等不同类型品种，在种植和加工中有很大的不同，甘薯生产者往往采用一个模式来种植，难以达到绿色高效的种植目的。

按照农事指南系列丛书的编写要求，组织江苏省内甘薯专家共同编写的《甘薯产业关键实用技术100问》，旨在指导甘薯生产者和加工者科学选用品种、绿色种植甘薯、实现高效利用，解决甘薯生产者和加工者的困惑。

本书共设置四章十二节。

第一章为甘薯产业与品种，分为产业发展和优良品种两节，分别设置了5个和8个问题，使读者了解我国及江苏省甘薯种植和产业发展状况，分析鲜食甘薯和紫薯、食用加工用甘薯和淀粉加工用甘薯种植的经济效益，我国种植甘薯品种的主要类型，以及生产上主推的优良品种，为我国拟发展甘薯产业的专业合作社、种植大户及加工企业提供参考。本章由李强、徐雪高、王欣、谢一芝、刘亚菊编写。

第二章为甘薯繁种与育苗，分为良种繁育和壮苗培育两节，分别设置了4个和7个问题，使甘薯生产者了解什么是脱毒甘薯、脱毒甘薯有哪些优点、怎样培育脱毒甘薯和生产脱毒薯苗、如何在市场上选购健康薯苗。本章内容还告诉甘薯种植户甘薯是如何种植的、有哪些育苗方法、不同育苗方法各有什么优缺点、需要如何准备以及如何培育壮苗等，从而为甘薯高产打下基础。本章由谢一芝、周志林、李强编写。

第三章为甘薯生产与管理，分为科学施肥、机械化生产、高效栽培、绿色防控和生产其他技术五节，分别设置了6个、5个、16个、13个和7个问题，告诉甘薯生产者甘薯需要什么肥料、如何做到科学施肥、如何识别真假肥料、甘薯不同管理环节和不同土壤条件下的常用机械如何选择、甘薯不同薯区主要栽培模式、不同类型品种如何实现高效栽培、生产过程中有什么样的栽培管理措施、我国甘薯种植区主要地上和地下害虫及其综合防治措施、甘薯主要病害及其综合防治措施以及如何正确选择和使用除草剂、甘薯大田中后期如何控制旺长、如何解决甘薯裂口问题等。本章由张永春、胡良龙、张文毅、唐忠厚、张成玲、杨冬静、周志林、王公仆、严伟、靳容编写。

第四章为甘薯贮藏与利用，分为安全贮藏、鲜食利用、加工利用三节，分别设置了6个、10个和13个问题，告诉甘薯生产者和加工者甘薯安全贮藏对环境的要求、主要的贮藏方式和贮藏技术、针对不同的用途如何科学贮藏甘薯、甘薯的主要营养价值、如何利用鲜食型甘薯、甘薯不同加工产品及对品种的具体要求以及如何生产这些加工产品。本章由孙健、朱红、张毅、唐忠厚、张成玲、赵冬兰、刘亚菊、王欣、杨冬静、周志林、李强编写。

全书由李强统稿，于2020年10月初完成书稿内容。

在本书编写过程中，承蒙多位专家和编写人员所在单位的大力支持，陈胜勇、陈书龙、丁凡、冯顺洪、高文川、黄成星、黄艳霞、季志仙、李慧峰、李江辉、刘莉莎、刘新亮、刘中华、马代夫、马居奎、邱永祥、孙厚俊、王连军、王庆美、王庆南、王容燕、吴列洪、吴问胜、辛国胜、杨爱梅、杨育峰、张涵、邹宏达等专家为本书提供部分图片，书中已标注。在本书完稿之际，承蒙中国农业大学刘庆昌教授在百忙之中审阅了全部书稿。在此向所有给予支持和帮助的专家、单位、作者和出版者一并表示衷心感谢。

由于编者知识和经验有限，书中难免有不妥和疏漏之处，恳请同行与读者批评指正。

李　强

2020年10月于徐州

目　录

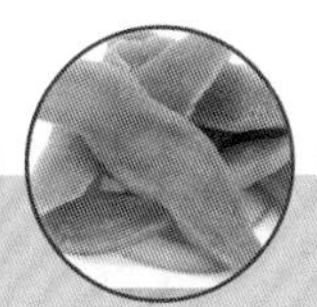

第一章 甘薯产业与品种

第一节　甘薯产业发展

本节介绍了我国及江苏省甘薯种植和产业发展状况，根据2019年国家甘薯产业技术体系固定观察点调查数据，分析种植鲜食及特色甘薯、食用加工用甘薯和淀粉加工用甘薯的经济效益，为我国拟发展甘薯产业的专业合作社、种植大户及加工企业提供参考。

1 我国及江苏省甘薯种植情况如何?

（1）我国甘薯种植情况。我国是世界上甘薯最大生产国。据联合国粮农组织（FAO）统计（图1-1），2018年我国甘薯种植面积约达238万公顷，占世界总面积的22.8%；年产量约5325万吨，占世界总产的36.7%；单产为22.4吨/公顷，远超世界平均水平。进入21世纪以来，我国甘薯种植面积总体呈缩减趋势，年产量亦同步下降。

我国甘薯种植传统上主要分为长江中下游、南方、北方三大薯区。从全国地区划分来看，2018年全国各地区甘薯种植面积从大到小依次为西南地区102.5万公顷、中南地区64.2万公顷、华东地区56.4万公顷、华北地区8.9万公顷、西北地区3.6万公顷、东北地区2.31万公顷。排名前三的区域甘薯种植面积占全国总面积的90%以上，其中，西南地区的四川和重庆甘薯种植面积分别占全国的14.1%和11.1%，是全国甘薯种植重点地区。从地形分布上看，全国甘薯种植多分布在山区、丘陵、坡地、旱地等区域。

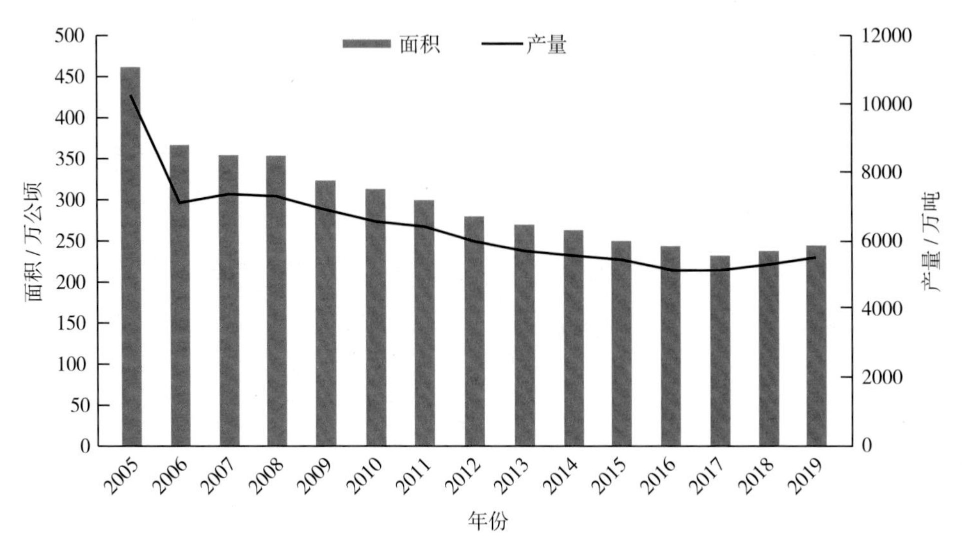

图 1-1　2005—2019 年我国甘薯种植概况

资料来源：FAO 数据库。

（2）江苏省甘薯种植情况。新中国成立初期，江苏省甘薯种植面积短期内恢复迅速。在经历了20多年的相对平稳期后，1978年开始，随着农产品市场改革的逐步深入、大田作物农业机械化水平的提升等，江苏省农业结构出现重大调整，粮食、棉花等主要作物种植面积不断扩大，而甘薯种植面积不断下降。但是近年来，由于甘薯产业整体发展水平提升和经济效益提高，江苏甘薯种植面积有所恢复。2019年，江苏甘薯种植总面积3.6万公顷，占全国甘薯种植总面积的1.5%。江苏甘薯单产是波动中逐步上升的，2019年平均单产33.14吨/公顷，较2018年增长3.8%，是全国单产平均水平的1.5倍（图1–2）。

从区域布局看，江苏省13个设区市均有甘薯种植，且由南向北甘薯种植面积逐渐增加，苏北、苏中、苏南甘薯种植面积占比分别为56%、26%、20%。苏北五市（徐州、淮安、盐城、连云港、宿迁）甘薯种植面积占比均在5%以上，其中有两市占比超10%；苏南五市（南京、苏州、无锡、常州、镇江）中有四市占比均在5%以内，其中苏州、无锡占比不足3%。2019年南通、淮安两市甘薯种植面积分别为0.67万公顷和0.58万公顷，占全省甘薯种植总面积的18.6%和16.2%，是全省甘薯种植规模最大的地级市。单产方面，由于甘薯种植制度、生长周期等不同，苏北甘薯单产显著高于苏南。苏南五市中除南京

（39.27吨/公顷）外，其余四市甘薯单产均低于全省平均水平；苏北五市单产均超33.75吨/公顷，其中淮安、连云港单产超37.5吨/公顷。

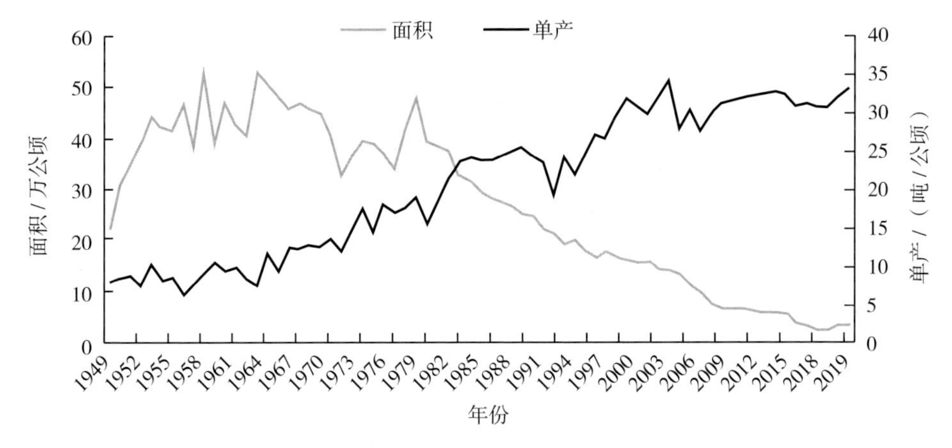

图1-2 1949—2019年江苏省甘薯种植面积及单产

资料来源：国家统计局网站。

从品种来看，淀粉型品种仍占主导地位，约占江苏省甘薯种植面积的55%；其次为优质鲜食甘薯，约占40%；紫薯和菜用甘薯等其他类型约占5%。淀粉加工型品种主要有徐薯22、商薯19、苏薯17、苏薯24、苏薯29等；优质鲜食品种主要有苏薯16、苏薯8号、徐薯32、莆薯32等；紫薯品种主要有徐紫薯8号、徐紫薯6号、宁紫薯1号、宁紫薯2号、宁紫薯4号等；菜用品种主要有宁菜薯1号、宁菜薯2号、徐菜薯1号等。

2 目前甘薯消费状况及趋势怎么样？

甘薯的消费方式有直接消费如鲜食，间接消费如甘薯淀粉和粉丝、粉条、粉皮等传统“三粉”，休闲加工食品薯脯、薯片、薯条，饮料，以及其他产品如色素、酒精等。目前，甘薯消费呈现以下特点。

一是人均鲜食消费量不断提升。近年来随着城乡居民健康饮食需求提升以及对甘薯保健功能认识加深，甘薯鲜食消费市场空间不断扩展。2019年，我国鲜食型甘薯消费总量在1600万吨左右，鲜食所占份额约达30%左右，人均鲜食甘薯消费量11.4千克，与日本平均水平（15千克）相比还有较大提升空间。除传统家庭消费外，酒店、饭店等消费场所不断扩大，蒸食、煮食、烤食、菜肴（拔丝甘薯等）、主粮化（主要指中西式糕点添加）等鲜食方式不断拓展。

二是加工产品逐步升级。2017年，我国甘薯干、甘薯淀粉、粉丝粉皮和甘薯全粉等传统加工产品的总产量占比分别为37.5%，32.5%，28.3%和1.3%，而其他加工品总产量占比不足0.5%。在此背景下，我国甘薯加工行业正在经历一次整体性的升级改造和升级换代，以淀粉和“三粉”为代表的传统产品加工不断深化，高等级淀粉制品加工产量提高，同时产品链条向下延伸，甘薯速食食品、休闲食品发展红火。产品加工逐步精细化、精深化，以甘薯花青苷、甘薯活性多糖、甘薯糖蛋白等为功能成分的甘薯功能保健食品和工业用品加工业发展加速。以紫薯加工产业为例，2019年甘薯产业经济固定观察点数据显示，紫薯加工产品除涉及全粉、粉丝粉条等传统品类外，还包括紫薯色素、紫薯主粮、方便休闲食品三大品类共12个具体品种。紫薯全粉、紫薯粉丝粉条等传统品种加工量和产值占据紫薯加工产业的比重超过50%，其中紫薯全粉的比重超40%。紫薯色素加工主要是指花青素的提取与加工，我国紫薯花青素产值占整个紫薯加工产业产值的15%以上。有宏观数据显示，2012—2017年，我国花青素产量持续增长，从1201吨增长至5662吨，紫薯色素提取产业发展势头迅猛。其次是紫薯馒头、紫薯粥、紫薯方便休闲食品等。由于方便休闲食品品种丰富，因此尽管单品种产值占比不高，但是累计占比与色素等较为接近，比紫薯主粮产品的产值比例高3个百分点。

三是饲用消费有待提高。甘薯具有高产特性，甘薯及其茎叶营养丰富，是我国传统畜禽饲料来源之一。甘薯作为饲料更多的是通过加工副产物的进一步转化利用得以实现。而甘薯直接作为饲料的比例由2015年的5%左右下降至2019年的0.73%。近年来我国饲料粮食原料短缺，进口依赖性长期居高不下，威胁我国畜禽产业安全。提高甘薯饲用比例，积极加强甘薯块根、茎叶及副产物饲用用途产品开发，是保障我国饲料粮食安全的重要举措。

3 鲜食甘薯和紫薯种植效益怎么样？

甘薯种植的成本包括土地租金、劳动力（含家庭人工和雇佣成本）、物质成本（种薯种苗、肥料、农药、农膜等）、机械成本（自有机械作业成本和农机社会化服务成本）及其他成本（灌溉、运输、贮藏、科技服务等）。在实际种植过程中，同时存在使用自有耕地和流转耕地的情况，自有耕地使用并未发生实际的现金流，同时流转部分的土地租金受生产过程以外的因素影响较大，如区位条件，与生产过程的直接关系并不明显。因此，将土地租金成本单列，分别计算是否考虑土地租金的成本收益。家庭劳动力投入的随机性较强，同时定价受地区社会经济发展水平影响较大，如果将其纳入考察范围，可能会增加外界因素对真实的生产过程的成本收益情况的干扰，另一方面家庭劳动力投入产生的是一种机会成本，不产生实际的经济支出。基于以上原因，暂不将家庭劳动力要素纳入成本收益考察范畴，仅将雇佣劳动力成本纳入考察范畴。

根据国家甘薯产业技术体系产业经济固定观察点2019年调查数据，鲜食甘薯专业种植户样本数量为162个，涉及烟薯25、普薯32、广薯87等68个鲜食型品种，累计种植面积513.6公顷。调查数据显示（表1-1），2019年鲜食型甘薯销售平均单价1.565元/千克，平均单产24.06吨/公顷，平均销售收入3.765万元/公顷。不考虑土地租金的情况下，2019年鲜食型甘薯种植总成本1.496万元/公顷。扣除成本，净利润为2.269万元/公顷，平均成本利润率1.516，保本的价格临界点是0.622元/千克。在规模经营的情形下，甘薯种植的主要土地来源是流转耕地，需考虑土地租金成本。当前我国耕地流转的单价一般在0.9～1.8万元/公顷，取中间值1.35万元/公顷，按照半年占地时间折算，单位面积地租成本应当在0.675万元/公顷左右。在考虑土地租金情况下，净利润为1.594万元/公顷，保本临界价格是0.902元/千克。

在成本结构中（表1-1），物质成本最高，平均物质成本为0.948万元/公顷，其中以种苗和肥料成本为主，二者占物质成本的比重超过80%。其次是土地租金（如有）和劳动力成本。

2019年，紫薯种植的成本收益与鲜食型甘薯较为接近。当年，紫薯种植单产为24.60吨/公顷，平均单价为1.416元/千克，平均销售收入3.483万元/公顷。在不考虑土地租金的情形下，成本1.477万元/公顷，净利润2.006万元/公顷，成本利润率1.359，保本价格0.600元/千克，略低于鲜食型甘薯。在考虑土地租金的情形下，紫薯种植的平均利润为1.331万元/公顷，保本临界价格上升至0.875元/千克，成本利润率下降至0.619。

表1-1　鲜食型甘薯、紫薯成本收益

项目			数值	
			鲜食型甘薯	紫薯
成本相关项目	物质成本/（万元/公顷）		0.948	0.857
	雇佣劳动力/（万元/公顷）		0.322	0.385
	机械成本/（万元/公顷）		0.170	0.181
	地租/（万元/公顷）		0.675	0.675
	其他/（万元/公顷）		0.056	0.054
	总成本/（万元/公顷）	不考虑地租	1.496	1.477
		考虑地租	2.171	2.152

项目			数值	
			鲜食型甘薯	紫薯
收益相关项目	单产/（吨/公顷）		24.06	24.6
	单价/（元/千克）		1.565	1.416
	总收益/（万元/公顷）		3.765	3.483
	净利润/（万元/公顷）	不考虑地租	2.269	2.006
		考虑地租	1.594	1.331
	保本临界价格/（元/千克）	不考虑地租	0.622	0.600
		考虑地租	0.902	0.875
	成本利润率（利润/成本）	不考虑地租	1.516	1.359
		考虑地租	0.734	0.619

资料来源：国家甘薯产业技术体系产业经济固定观察点2019年调查数据。

注：受问卷结构影响，不能单独分析农户单独品种的成本收益。本研究选取种植鲜食型甘薯或紫薯的农户为研究样本，删除种植多种类型甘薯的样本。分别获得162个鲜食型甘薯种植户样本和5个紫薯种植户样本。在样本结构上，鲜食比重较高或抽样基数较高的省份样本量比重较高，可能对测算结果有一定影响。下文中对其他几个品种类型成本收益的分析可能同样存在这种问题。但是这并不影响对我国甘薯种植成本收益总体情况的把握，数据来源可靠翔实，分析结果有较强参考价值。

食用加工型甘薯种植效益怎么样？

食用加工型甘薯主要指除加工传统“三粉”之外的食品加工用甘薯，具体包括烤薯、薯片薯条、果脯果干等用途的专用品种或鲜食兼用品种。例如用于烤薯的龙薯9号、北京553等，用于薯脯和薯条的浙薯系列品种（浙薯13、浙薯255）等。

根据国家甘薯产业技术体系产业经济固定观察点2019年调查数据，兼用型甘薯专业种植户样本为36个，累计种植面积89.55公顷。调查数据显示（表1-2），当年兼用型甘薯平均单产35.351吨/公顷，平均单价1.052元/千克，单位面积销售收入3.719万元/公顷。不考虑土地租金的情况下，单位面积平均成本1.296万元/公顷，低于鲜食型甘薯种植成本；平均净利润2.423万元/公顷，高于鲜食型甘薯1545元/公顷，成本利润率达1.871。在考虑土地租金的情形下，净利润降至1.748万元/公顷，保本临界价格升至0.557元/千克，成本利润率降至0.887。

表1-2　食用加工型甘薯种植成本收益

<table>
<tr><th colspan="3">项目</th><th>数值</th></tr>
<tr><td rowspan="7">成本相关项目</td><td colspan="2">物质成本/（万元/公顷）</td><td>0.921</td></tr>
<tr><td colspan="2">雇佣劳动力/（万元/公顷）</td><td>0.165</td></tr>
<tr><td colspan="2">机械成本/（万元/公顷）</td><td>0.117</td></tr>
<tr><td colspan="2">地租/（万元/公顷）</td><td>0.675</td></tr>
<tr><td colspan="2">其他/（万元/公顷）</td><td>0.093</td></tr>
<tr><td rowspan="2">总成本/（万元/公顷）</td><td>不考虑地租</td><td>1.296</td></tr>
<tr><td>考虑地租</td><td>1.971</td></tr>
</table>

<table>
<tr><th colspan="3">项目</th><th>数值</th></tr>
<tr><td rowspan="9">收益相关项目</td><td colspan="2">单产/（吨/公顷）</td><td>35.351</td></tr>
<tr><td colspan="2">单价/（元/千克）</td><td>1.052</td></tr>
<tr><td colspan="2">总收益/（万元/公顷）</td><td>3.719</td></tr>
<tr><td rowspan="2">净利润/（万元/公顷）</td><td>不考虑地租</td><td>2.423</td></tr>
<tr><td>考虑地租</td><td>1.748</td></tr>
<tr><td rowspan="2">保本临界价格/（元/千克）</td><td>不考虑地租</td><td>0.366</td></tr>
<tr><td>考虑地租</td><td>0.557</td></tr>
<tr><td rowspan="2">成本利润率（利润/成本）</td><td>不考虑地租</td><td>1.871</td></tr>
<tr><td>考虑地租</td><td>0.887</td></tr>
</table>

资料来源：国家甘薯产业技术体系产业经济固定观察点2019年调查数据。

5 淀粉加工型甘薯种植效益怎么样？

淀粉加工型品种主要指淀粉含量较高，专门用于加工生产淀粉及其加工制品的甘薯品种，具体包括商薯19、济薯25等品种。

根据国家甘薯产业技术体系产业经济固定观察点2019年调查数据，淀粉型甘薯专业种植户样本数量为102个，涉及品种27个，调研总面积301.84公顷。调查数据显示（表1-3），当年淀粉型甘薯平均单产32.7吨/公顷，高于鲜食型品种。但由于行情不理想，全年平均价格仅为0.449元/千克，平均销售收入1.468万元/公顷，远低于其他几类甘薯种植收益。不考虑土地租金的情形下，单位面积总成本1.114万元/公顷，与其他类型甘薯相差不大。此时的保本临界价格是0.341元/千克。扣除成本，净利润仅为0.354万元/公顷，成本利润率仅为0.318。考虑土地租金的情况下，保本临界价格为0.541元/千克，与当年淀粉型甘薯的实际平均销售价格相比有0.098元/千克差距。单位面积净利润为负，亏损0.321万元/公顷。

表1-3　淀粉加工型甘薯种植成本收益

项目			数值
成本相关项目	物质成本/（万元/公顷）		0.749
	雇佣劳动力/（万元/公顷）		0.194
	机械成本/（万元/公顷）		0.106
	地租/（万元/公顷）		0.675
	其他/（万元/公顷）		0.065
	总成本/（万元/公顷）	不考虑地租	1.114
		考虑地租	1.789

项目			数值
收益相关项目	单产/（吨/公顷）		32.7
	单价/（元/千克）		0.449
	总收益/（万元/公顷）		1.468
	净利润/（万元/公顷）	不考虑地租	0.354
		考虑地租	−0.321
	保本临界价格/（元/千克）	不考虑地租	0.341
		考虑地租	0.541
	成本利润率（利润/成本）	不考虑地租	0.318
		考虑地租	−0.179

资料来源：国家甘薯产业技术体系产业经济固定观察点2019年调查数据。

第二节　甘薯优良品种

本节重点介绍目前我国种植甘薯品种的主要类型，以及生产上主推优良品种，为我国拟发展甘薯产业的专业合作社、种植大户及加工企业提供参考。

6　甘薯品种类型及其特点有哪些？

甘薯品种类型按照肉色可分为白肉、黄肉、红肉、紫肉品种（图1–3），但一般还是多以用途来分类。以薯块用途可分为淀粉加工型、鲜食及食品加工型、特色专用型品种等。以茎叶用途可分为茎尖菜用型、观赏型、茎叶加工型、菜观兼用型、药用型、饲用型品种等。

淀粉型品种一般是指夏薯淀粉含量≥18%（干物质含量≥28%）、产量也较高的白肉品种，可用于淀粉加工和能源乙醇提取等。有些淀粉含量高的紫肉、黄肉品种也可用作全粉和淀粉加工用品种。

图 1-3 甘薯的薯皮薯肉类型（马代夫 提供）

鲜食及食品加工型品种一般是指薯形美观、粗纤维少、甜度高或者贮藏后淀粉较易转化为糖、蒸煮或烘烤食味好的品种，也可用于薯脯、薯条、薯片加工等。多以黄肉和橘红肉品种为主，近年来食味优质的紫肉、白肉、薯肉混色品种也作为鲜食品种推广。

特用型品种是指适应产业发展需求、具有特殊用途的品种，如高花青素型品种，每100克鲜重花青素含量≥40毫克，可用于色素提取，全粉、薯泥加工等；食用紫薯型品种，每100克鲜重花青素含量≥10毫克，可用于鲜食或薯泥、薯丁加工等；高胡萝卜素型品种，每100克鲜重胡萝卜素含量≥10毫克，可用于色素提取、饮料加工等；还有一些甘薯品种能够满足深加工需求，比如富含某种特异蛋白质、多酚、多糖等活性物质等。

菜用型甘薯一般是指茎尖或叶柄适宜作为蔬菜食用的甘薯品种。茎尖菜用甘薯茎尖生长整齐，易于采摘，茎叶产量高，无苦味和异味，烹饪后色泽好，食味好。叶柄用品种叶柄较粗长，无涩味，口感清香。菜用品种茎叶中一般含有较多的维生素及矿物质。

观赏型甘薯是指叶色艳丽、叶形特殊，具有观赏价值的品种。该类品种具有生长势强、观赏期长、栽培管理粗放等特点，可作为道路、田园景观使用。常见的叶色有黄绿色、紫色等，常见的叶形以深缺刻形、鸡爪形或竹叶形居多。具有易开花、短蔓、直立等特点的品种可作为小型盆景观赏利用，长蔓品种可作为悬挂盆景利用。

茎叶加工型甘薯一般含有较多的多酚类物质，主要用来加工茎叶全粉、甘薯叶茶等。

药用型品种是指具有药用价值的品种，可以提取甘薯叶口服液，比如有的品种的茎叶提取液对过敏性紫癜等具有显著疗效。

饲用型品种是指地上部分产量高、蛋白质含量高的品种，可作青贮和干粉饲料使用。近年来随着饲用型品种种植面积的不断下降，饲用型品种已经不作为主要推广品种。

如何选择种植什么类型的甘薯品种？

甘薯品种类型丰富，选择种植什么样的品种要根据最终用途、市场接受度、品种适应性以及当地种植习惯等综合决定。引种前建议咨询科研单位及当地推广单位，不可盲目引种大面积种植。科研及推广单位是公益性单位，掌握品种特征，能够较客观地评价和推荐品种，可为甘薯初级种植者提供全面的技术支持。

如何选择淀粉加工型品种？一般选择高淀粉高产的白肉品种，还应兼顾品种的淀粉品质，比如支链淀粉含量、洁白度等加工指标，一般淀粉加工企业对品种都有专门的要求。不要片面相信脱离实际的广告宣传，有的品种鲜薯产量很高，但淀粉含量很低，俗称“大水瓢”，不适宜加工淀粉。此外，还要了解品种的抗病性、耐逆性等，注意避免将感病品种种植在重病地里。

如何选择鲜食型品种？一般选择薯形美观、商品薯率高、产量高的品种。还需考虑消费者的市场接受度，比如北京、天津、河北地区易接受单薯重量≥250克的长纺锤形橘红肉甘薯；江苏、浙江、上海一带喜好黄肉迷你型甘薯，单薯重量在70克左右；广东及海南地区喜好稍干面的口感。此外，需要错峰上市的品种要考虑选择结薯早的品种；收获即销售的鲜食品种，要选择本身可溶性糖含量较高的品种，因为有些品种经贮藏使淀粉转化成可溶性糖后食味更佳，而刚收获时食味并未达到最佳；收获后贮藏待售的品种，要考虑其耐贮性；最后还要综合考虑品种的抗病性、适应性等，比如感根腐病品种，不适宜在根腐病重病区种植。

如何选择食品加工型品种呢？首先品种特点要满足加工企业收购要求，比如用于乙醇发酵，要考虑品种发酵指标；用作薯脯、烘烤原料，要选择甜度高的品种，还要考虑淀粉转化成可溶性糖的效率等品质性状；用于薯片加工，则要选择具有多酚氧化酶活性低、烘干率高等特点的品种，以保证色泽、成形度等；用于全粉、饮料加工，要满足色素含量的要求。最后也要考虑品种在当地种植的适应性，以保证获得较高的产量。

种植菜用、观赏用品种一定要选择专用品种，不是所有的甘薯品种都可作菜用或观赏用，该类品种尤其需要特殊的栽培措施，建议从科研或推广单位引种，能够获取配套的栽培技术。

目前推广的淀粉型甘薯品种及其突出特点有哪些？

目前推广的具有代表性的淀粉型品种有商薯19、徐薯22、济薯25、郑红22、苏薯24、鄂薯6号、湛薯12等。

（1）商薯19（图1-4）。商薯19的突出特点是适应性广，淀粉含量高，由商丘市农林科学院选育，2003年通过国家鉴定（国品鉴甘薯2003004）。该品种萌芽性好，中蔓，分枝数8个左右，茎粗中等，叶片形状心形带齿，顶叶色微紫，叶片绿色，叶脉绿色，茎蔓绿色；薯块纺锤形，薯皮红色，薯肉白色，结薯集中，单株结薯4个左右，大中薯率高；食味好，淀粉品质优；夏薯烘干率30%左右，比对照徐薯18高2.4个百分点；耐贮性好；高抗根腐病，抗茎线虫病，不抗黑斑病。春薯鲜薯亩*产7000千克左右，薯干亩产1000千克左右；适宜在北方薯区作为春夏薯种植，不宜在发生黑斑病的地块种植，目前依然是北方薯区淀粉型品种的主体品种。

图1-4　商薯19（杨爱梅　提供）

* 亩为非法定计量单位，1亩=1/15公顷。——编者注

（2）徐薯22（图1-5）。徐薯22的突出特点是适应性广、淀粉产量高。由江苏徐淮地区徐州农业科学研究所（江苏徐州甘薯研究中心）选育，2003年通过江苏省审定（苏审薯200301），2018年通过农业农村部品种登记［GPD甘薯（2018）320061］。该品种萌芽性好，出苗快而多，薯苗健壮，采苗量多；顶叶绿色，茎绿色，叶呈心脏形、略带缺刻，叶脉淡紫色，蔓长中等，地上部长势强；薯块下膨纺锤形，薯块膨大较快，红皮白肉，结薯较集中，单株结薯4～5块，大中薯率高；烘干率35.0%左右，淀粉率（鲜基）21.0%左右，薯干粗蛋白质含量5.0%左右、可溶性糖含量为9.0%左右；中抗根腐病和茎线虫病，不抗黑斑病，耐涝渍。适宜在我国长江流域薯区和北方薯区推广种植。夏薯鲜薯亩产2300千克左右，薯干亩产700千克左右。该品种2013年获农业部中华农业科技奖科学研究成果奖一等奖。

图1-5　徐薯22

（3）济薯25（图1-6）。济薯25的突出特点是淀粉含量高，黏度大，加工粉条不断条，原料市场收购价格比普通淀粉型甘薯高30%～50%；抗根腐病、抗干旱能力突出；增产潜力大。由山东省农业科学院作物研究所选育，2015年8月通过山东省审定（鲁农审2015037号），2016年5月通过国家鉴定（国品鉴甘薯2016002），2018年通过农业农村部品种登记［GPD甘薯（2018）370050］。该品种萌芽性较好，中长蔓，分枝数6～7个，茎粗中等，叶片为心形，顶叶、叶片、叶脉、茎蔓均为绿色，脉基紫色；薯块纺锤形，红皮淡黄肉，结薯集中，单株结薯3～5个，大中薯率高；淀粉黏度大，非常适合加工粉条，加工的粉条不断条、光滑、耐煮、有弹性。丘陵山地春薯烘干率38%～41%，夏薯烘干率为32%～35%；耐贮性好；高抗根腐病，抗蔓割病，较抗黑斑病，高感茎线虫病。春薯鲜薯亩产2500～3000千克，薯干亩产1000～1200千克；在适宜地区作为春、夏薯种植，不宜在茎线虫重发地种植。

图1-6 济薯25（王庆美 提供）

（4）郑红22（图1-7）。郑红22的突出特点是高产、高淀粉、高抗茎线虫病，由河南省农业科学院粮食作物研究所与江苏徐淮地区徐州农业科学研究所（江苏徐州甘薯研究中心）联合选育，2010年通过国家鉴定（国品鉴甘薯2010004），2019年通过农业农村部品种登记[GPD甘薯（2019）410014]。该品种萌芽性较好，中蔓，分枝数8个左右，茎粗中等，叶片心形，顶叶和成年叶均为绿色，叶脉紫色，茎蔓绿色带紫色；薯形短纺锤形，紫红皮橘黄肉，结薯集中、薯块较整齐，单株结薯3.8个左右，大中薯率一般；薯干平整，食味较好；烘干率35.1%，干基可溶性糖含量11.7%，粗蛋白质含量1.48%，粗纤维含量1.22%；该品种较耐贮藏；高抗茎线虫病，抗根腐病，中抗黑斑病；夏薯鲜薯亩产2000千克左右，薯干亩产650千克左右；适宜在河南、北京、河北、陕西、山东以及安徽中北部、江苏北部等地作为春（夏）薯种植，不宜在发生根腐病的田块种植。

图1-7　郑红22（杨育峰　提供）

（5）苏薯24（图1-8）。苏薯24的突出特点是短蔓、淀粉产量高，由江苏省农业科学院粮食作物研究所选育，2015年通过国家鉴定（国品鉴甘薯2015002），2019年通过农业农村部品种登记［GPD甘薯（2019）320060］。该品种萌芽性好，中短蔓，分枝数7个左右，茎蔓粗，叶片心齿形，顶叶、叶片和叶脉均为绿色，茎蔓绿色，薯块短纺锤形，薯皮红色，薯肉淡黄色，结薯集中，单株结薯3个左右，大中薯率高；熟食干面味香；烘干率34%左右，比对照品种徐薯22高3个百分点；耐贮性好；高抗茎线虫病，中抗黑斑病、根腐病、蔓割病。夏薯鲜薯亩产2300千克左右，比对照品种徐薯22增产3.5%左右；薯干亩产量770千克左右，比对照品种徐薯22增产13%左右；适宜在长江中下游薯区作为春、夏薯种植。

图1-8　苏薯24

（6）鄂薯6号（图1-9）。鄂薯6号的突出特点是淀粉含量高，适应性广，萌芽性优，由湖北省农业科学院粮食作物研究所选育，2008年通过湖北省审定（鄂审薯2008001），2018年通过农业农村部品种登记［GPD甘薯（2018）420074］。该品种萌芽性优，长蔓，分枝数7个左右，茎粗中等，叶片心形，顶叶、叶片绿色，叶脉绿带紫，茎蔓绿色；薯形纺锤形，红皮白肉，结薯集中整齐，单株结薯4.5个左右，大中薯率高；春（夏）薯烘干率37.8%左右；耐贮性好；抗根腐病，高抗黑斑病，抗薯瘟病。春（夏、秋）薯鲜薯亩产2300千克左右，薯干亩产780千克左右；适宜在湖北省及周边地区作为春薯种植，不宜在茎线虫重发地种植。

图1-9　鄂薯6号（王连军　提供）

（7）湛薯12（图1-10）。湛薯12的突出特点是适应性广，食味优，由湛江市农业科学研究院选育，2016年通过广东省审定（粤审薯20160003），2018年通过农业农村部品种登记［GPD甘薯（2018）440017］。该品种萌芽性中等，中蔓，分枝数10个左右，茎粗中等，叶片中复缺刻，顶叶浅绿色，叶片绿色，叶脉紫色，茎蔓绿色；薯形下膨，暗紫红皮，结薯集中整齐，单株结薯5.5个左右，大中薯率较高；食味优于对照品种广薯87，淀粉率22%左右；秋薯烘干率31%左右；耐贮性好；中抗薯瘟病。秋薯鲜薯亩产2200千克左右，薯干亩产690千克左右；适宜在广东等地区作为秋薯种植。

图1-10 湛薯12（陈胜勇 提供）

9 目前推广的鲜食与食品加工型甘薯品种及其突出特点有哪些?

目前推广的具有代表性的鲜食与食品加工型品种有烟薯25、普薯32、济薯26、广薯87、龙薯9号、徐薯32、苏薯16、万薯10号、晋甘薯9号、苏薯8号、心香、浙薯13等。

（1）烟薯25（图1-11）。烟薯25为烤薯型品种，突出特点是品质好，食味优，干基还原糖和可溶性糖含量较高，由山东省烟台市农业科学研究院选育，2012年通过国家鉴定（国品鉴甘薯2012001），2012年还通过山东省审定（鲁农审2012035号），2018年通过农业农村部品种登记［GPD甘薯（2018）370034］。该品种萌芽性较好，中长蔓，分枝数5～6个，茎粗中等，叶片心形带齿，顶叶紫色，成年叶、叶脉和茎蔓均为绿色；薯块纺锤形，淡红皮橘红肉，结薯集中，薯块整齐，单株结薯5个左右，大中薯率较高；食味好，每100克鲜薯胡萝卜素含量3.67毫克，干基还原糖和可溶性糖含量分别为每100克5.62毫克和10.34毫克，国家区试测定平均烘干率25.04%，比对照品种徐薯22低3.2个百分点，耐贮性较好，抗根腐病和黑斑病。春薯鲜薯亩产2600千克左右；适宜在薯区作为春、夏薯种植，不宜在寒冷地区种植。

图1-11　烟薯25（辛国胜　提供）

（2）普薯32（图1-12）。普薯32的突出特点是早熟、优质、适应性广、胡萝卜素含量高，由广东省普宁市农业科学研究所选育，2012年通过广东省审定（粤审薯2012002）。该品种萌芽性较好，株型半直立，蔓长中等，分枝数较多，顶叶紫色，成叶绿色，叶形有两种：心形和三角形带齿，叶脉、茎皆绿色，茎粗中等，薯块纺锤形，薯皮红色，薯肉橘红色，薯块大小较均匀，结薯集中、整齐，单株结薯数5个左右，大中薯率84%左右，糖分含量高，食味优。秋薯鲜薯亩产2000千克左右。广东薯瘟病抗性鉴定为中抗，福建薯瘟病抗性鉴定为Ⅰ型感病、Ⅱ型高感，高感蔓割病。不宜在根腐病、薯瘟病、蔓割病、病毒病高发地区种植。

图1-12　普薯32（冯顺洪　提供）

（3）济薯26（图1-13）。 济薯26的突出特点是产量高、增产潜力大、品质优良、抗病性好、抗旱、耐盐碱、耐贫瘠、适于机械化收获、适应性强，由山东省农业科学院作物研究所从江苏徐淮地区徐州农业科学研究所（江苏徐州甘薯研究中心）创制的实生种子中选育而成，2014年通过国家鉴定（国品鉴甘薯2014002），2018年通过农业农村部品种登记［GPD甘薯（2018）370073］。该品种萌芽性较好，中长蔓，分枝数10个左右，茎蔓细，叶片心形，顶叶黄绿色带紫边，叶片绿色，叶脉紫色，茎蔓绿色；薯块纺锤形，红皮黄肉，结薯集中，薯块整齐，单株结薯4个左右，大中薯率较高；薯肉金黄，口感糯香，收获即食风味佳，糖化速度快，贮存后糯甜，既可蒸煮，又可烘烤，还可加工成薯脯、速冻薯块等；春薯烘干率26%～30%，夏薯烘干率22%～25%；耐贮性好；高抗根腐病，抗蔓割病和贮存期软腐病，对茎线虫病抗侵入不抗扩散，感黑斑病。春薯鲜薯亩产3000～3500千克。适宜在北方薯区、长江中下游薯区作为春、夏薯种植，不宜在高肥水的地块种植。

图1-13　济薯26（王庆美　提供）

（4）广薯87（图1-14）。 广薯87的突出特点是结薯数多，大小均一，薯形美观，商品薯率高，产量高、广适性好，由广东省农业科学院作物研究所选育，2006年通过国家鉴定（国品鉴甘薯2006004）和广东省审定（粤审薯2006002）；2009年通过福建省审定，2013年在新疆获得认定，2015年通过河南省品种鉴定；2017年获得植物新品种权（CNA20130145.7）；2018年通过农业农村部品种登记［GPD甘薯（2018）440079］。该品种萌芽性好，短蔓，分枝数7～11个，茎蔓细，顶叶、叶片、叶脉绿色，脉基色紫色，茎蔓绿色；薯块下膨或纺锤形，红皮橙黄肉，结薯集中，单株结薯5～9个，大中薯率高；薯身光滑、美观，薯块均匀，耐贮藏；蒸熟食味粉香、薯香味浓，口感好。国家南方区区试广州点分析，广薯87平均烘干率27.83%，淀粉率19.75%，可溶性糖含量2.67%，还原糖含量1.23%，每100克鲜薯含胡萝卜素3.3毫克、维生素C 24.36毫克。国家南方区区试鉴定为抗薯瘟病和蔓割病；在河南省生产种植，表现出抗茎线虫病，感黑斑病，高感根腐病。夏秋薯鲜薯亩产2500千克左右，薯干亩产750千克左右。已在南方薯区、长江中下游薯区以及北方薯区部分地区种植，不宜在河北、山东等省根腐病高发地区种植。

图1-14　广薯87

（5）龙薯9号（图1-15）。龙薯9号的突出特点是特早熟、超高产，由龙岩市农业科学研究所选育，2004年通过福建省审定（闽审薯2004004），2018年通过农业农村部品种登记［GPD甘薯（2018）350047］。该品种萌芽性好，短蔓，分枝数9个左右，茎粗中等，叶片心齿形，顶叶绿色，叶片绿色，叶脉淡紫色，茎蔓绿色；薯块下膨纺锤形，红皮淡红肉，结薯集中整齐，单株结薯5个左右，大中薯率高；食味品质略低于金山57；秋薯烘干率21%左右，比对照品种金山57低4个百分点左右；耐贮性较好；高抗蔓割病，高抗薯瘟病Ⅰ型，高感薯瘟病Ⅱ型。秋薯鲜薯亩产3000～4000千克，适宜在全国各地种植，并可根据当地气象条件作为春薯、夏薯、秋薯或越冬薯种植，但不宜在薯瘟病重病区种植。生产上应及时提早上市，发挥龙薯9号特早熟、高产的特性，以获取更高的经济效益。

图 1-15　龙薯 9 号（黄艳霞　提供）

（6）徐薯32（图1-16）。徐薯32的突出特点是超短蔓、食用品质优、耐贮性好、萌芽性好，由江苏徐淮地区徐州农业科学研究所（江苏徐州甘薯研究中心）选育，2015年通过河南省鉴定（豫品鉴薯2015005），2018年通过农业农村部品种登记［GDP甘薯（2018）320002］。该品种萌芽性好，短蔓，分枝数15个左右，茎粗中等，叶片浅缺刻，顶叶紫色，叶片深绿，叶脉紫色，茎蔓绿色带紫点；薯块纺锤形，紫红皮浅黄肉，结薯集中，单株结薯3～5个，大中薯率较高；薯形美观，熟食味佳，香、面且糯，适合鲜食与淀粉加工；春薯烘干率31%左右，比对照品种徐薯22高2个百分点左右；抗蔓割病，中抗黑斑病及根腐病，感茎线虫病，综合抗病性中等。北方春薯鲜薯亩产3000～3500千克，夏薯鲜薯亩产2000～2500千克。徐薯32适合在我国黄淮地区及北方春夏薯区推广种植，不宜在茎线虫病发生地种植。

图 1-16　徐薯 32

（7）苏薯16（图1-17）。苏薯16的突出特点是产量高，食味优，由江苏省农业科学院粮食作物研究所选育，2012年通过江苏省鉴定（苏鉴定薯201201），2018年通过农业农村部品种登记［GPD甘薯（2018）320053］。该品种萌芽性好，中短蔓，分枝数10个左右，茎蔓粗，叶片心脏形，顶叶、叶片和叶脉均为绿色，茎蔓绿色，薯块长纺锤形，薯皮紫红色，薯肉橘红色，结薯集中，薯形光滑整齐，单株结薯5个左右，中薯率高；熟食黏甜风味佳，品质好；烘干率28%左右，比对照品种苏渝303低1个百分点；总可溶性糖含量（鲜基）4.46%，每100克鲜薯含胡萝卜素3.91毫克，耐贮性好；抗黑斑病，中抗根腐病，不抗茎线虫病。夏薯鲜薯亩产2100千克左右，比对照品种苏渝303增产5%左右；适宜在江苏、安徽、江西、重庆、浙江和河北等省份作为春、夏薯种植，不宜在发生茎线虫病的地区种植。

图1-17　苏薯16

（8）万薯10号（图1-18）。万薯10号的突出特点是食味优，鲜薯产量高，由重庆三峡农业科学院选育，2017通过重庆市鉴定（渝品审鉴2017002），2018年通过农业农村部品种登记［GPD甘薯（2018）500040］。该品种萌芽性较优，中长蔓，分枝数5～6个左右，茎粗中等，叶片心形，顶叶、叶片、叶脉、茎蔓均为绿色；薯块纺锤形，紫红皮浅橘红肉，结薯集中、整齐，单株结薯6～7个，大中薯率高；食味优，淀粉含量16.9%，鲜薯可溶性糖含量4.76%、蛋白质含量1.45%、粗纤维含量1.2%；夏薯烘干率26%左右，比对照品种宁紫薯1号低4个百分点；耐贮性好；高抗黑斑病。夏薯鲜薯亩产2500～3000千克，薯干亩产650～800千克；适宜在重庆市甘薯种植区等地区作为夏薯种植。

图1-18　万薯10号（张　涵　提供）

（9）晋甘薯9号（图1-19）。晋甘薯9号的突出特点是高抗黑斑病，适应性广，由山西省农业科学院棉花研究所选育，2011年通过山西省审定［晋审甘薯（认）2011002］，2019年通过农业农村部品种登记［GPD甘薯（2019）140033］。该品种萌芽性好，短蔓，分枝数6～7个，茎蔓粗，叶片心形，顶叶浅绿色，叶片绿色，叶脉浅绿色，茎蔓绿色；薯块长纺锤形，粉红皮淡黄肉，结薯集中，单株结薯4～6个，大中薯率高；熟食绵甜，粗纤维含量极低。鲜基淀粉率16.69%，粗蛋白质含量1.76%，还原糖含量5.50%，每100克鲜薯含胡萝卜素0.58毫克；春薯烘干率37.7%左右；耐贮性好；高抗根腐病、黑斑病，中抗茎线虫病。春夏薯鲜薯亩产3500千克左右；适宜在山西甘薯主产区运城、临汾、晋中等地区作为春薯种植，不宜在山西忻州以北种植。

图1-19　晋甘薯9号（李江辉　提供）

（10）苏薯8号（图1-20）。苏薯8号的突出特点是结薯早，高产，抗黑斑病，由江苏丘陵地区南京农业科学研究所选育，1997年通过江苏省审定（苏种审字第276号），2001年通过河南省审定（豫审证字2001023号）。该品种萌芽性好，短蔓，分枝数8个左右，茎蔓较细，叶片深裂复缺刻，顶叶绿色带褐边，叶片、叶脉、茎蔓绿色；薯块纺锤形或短纺锤形，薯皮红色，薯肉橘红色，结薯集中，单株结薯5个左右，大中薯率高；春（夏）薯烘干率25.5%左右，比对照品种徐薯18低2.5个百分点；口感细腻无纤维，薯肉色泽鲜艳，熟食无胡萝卜味，风味较好；耐贮性好；高抗黑斑病，不抗茎线虫病及根腐病。春薯鲜薯一般亩产3500～4500千克，高的达5000千克，夏薯鲜薯亩产3000千克左右；适宜在各种类型的土壤中种植，尤其适合在干旱、贫瘠的丘陵山区种植，不宜在发生根腐病的地区种植。

图1-20　苏薯8号（王庆南　提供）

（11）心香（图1-21）。心香的突出特点是早熟、优质、商品性好、适应性广、适合机械化收获，由浙江省农业科学院和勿忘农集团联合选育，2009年通过国家鉴定（国品鉴甘薯2009008），2010年通过广西壮族自治区登记［（桂）登（薯）2010001］，2012年通过山东省审定（鲁农审2012036号），2019年通过农业农村部品种登记［GPD甘薯（2019）330024］。该品种萌芽性较好，短蔓，分枝数7.6个左右，茎粗中等，叶片心形，顶叶、叶片、叶脉绿色，脉基紫色，茎蔓绿色；薯块纺锤形，紫皮黄肉，结薯浅而集中，单株结薯5个左右，大中薯率较高；食味香、甜、糯，口感细腻，纤维很少，手指般小薯品质优异；夏薯烘干率32%左右，比对照品种南薯88高3个百分点；耐贮性较好；易感黑斑病。夏薯鲜薯亩产2000千克左右；适宜在全国种植，其中浙江以南

省份适合双季种植，广东、海南无霜区可周年种收，尤其适合冬种春收。

图1-21　**心香**（季志仙　提供）

（12）浙薯13（图1-22）。浙薯13的突出特点是鲜薯淀粉含量高，蒸煮时淀粉糖化度高，由浙江省农业科学院作物与核技术研究所选育，2005年通过浙江省品种认定（浙认薯2005002号）。该品种萌芽性好，长蔓，分枝数5个左右，茎粗中等，叶片心形，顶叶绿色，叶片绿色，叶脉紫色，茎蔓绿色；薯块纺锤形，红皮浅橘红肉，结薯集中，单株结薯3个左右，大中薯率高；表皮光滑、薯形美观，食味甜、粉；夏薯烘干率35%左右，比对照品种徐薯18高3个百分点；耐贮性较好；抗蔓割病、中抗黑斑病。夏薯鲜薯亩产2200千克左右，薯干亩产770千克左右；适宜在浙江等地区作为夏薯种植，不宜在发生薯瘟病的地区种植。目前为浙江省甘薯主栽品种，是薯脯加工的主要原料品种。

图1-22　**浙薯13**（吴列洪　提供）

紫薯是通过转基因技术培育的吗?

近年来，受网传谣言影响，许多消费者误认为紫薯是转基因甘薯，这使得紫薯的营养保健作用没有得到充分发挥。那么紫薯是怎么来的呢?

花青素广泛存在于植物中，比如人们常见的葡萄、紫甘蓝、桑葚等。甘薯薯块积累大量花青素时，就呈现紫色，这就是人们看到的紫薯。紫薯中的花青素作为天然的自由基清除剂，其清除自由基能力分别是维生素C和维生素E的20倍和50倍。

1984年出版的《全国甘薯品种资源目录》中，共收录农家种589份，其中26份农家种薯肉表现不同程度紫色，占4.41%，雪薯、雍菜、紫心、紫肉4份薯肉完全为紫色；收录甘薯育成品种337份，其中30份育成品种薯肉表现不同程度紫色，占8.90%，广76-15和湛59薯肉完全为紫色。该书是20世纪70年代末开始编辑出版，由此可见，紫薯由来已久。

我国拥有较丰富的紫薯种质资源，利用常规杂交和集团杂交可以快速积累花青素，通过多年多点鉴定选育紫薯品种。

在世界范围内甘薯转基因技术还停留在研究阶段，没有任何一个国家利用转基因技术育成紫薯品种。

国家对转基因品种的管理是非常严格的，即便是从实验室到试验田也需要严格的批准手续，到大田试验手续就更加复杂，参加甘薯品种区域试验、鉴定或登记的品种必须提供非转基因承诺书。

至今，甘薯转基因技术研究仅限于基因功能验证，通过国家鉴定或登记的甘薯品种，没有一例是转基因的。用于科学研究的材料也没有在开放的条件下种植或进入市场。

目前推广的紫薯品种及其突出特点有哪些?

近年来紫薯品种发展很快，目前推广的具有代表性品种有鲜食型品种宁紫薯4号、秦紫薯2号、齐宁18、阜紫薯1号、赣薯1号、南紫薯008、桂紫薇1

号等，高花青素品种徐紫薯8号、绵紫薯9号等。

（1）宁紫薯4号（图1-23）。 宁紫薯4号由江苏省农业科学院粮食作物研究所选育，2016年通过国家鉴定（国品鉴甘薯2016012），2018年通过农业农村部品种登记［GPD甘薯（2018）320055］。该品种萌芽性好，中短蔓，分枝数6个左右，茎蔓粗，叶片心形带齿，顶叶紫褐色，叶片和叶脉均为绿色，茎蔓绿色，薯块短纺锤形或球形，薯皮紫红色，薯肉紫色，结薯集中，薯形光滑整齐，单株结薯5个左右，中薯率高；熟食黏甜，风味佳，品质好；烘干率29%左右，比对照品种宁紫薯1号高2个百分点；每100克鲜薯含花青素20.72毫克、胡萝卜素3.51毫克，是一个既含胡萝卜素又含花青素的优质紫薯品种；抗茎线虫病，抗黑斑病，中抗蔓割病，不抗根腐病。夏薯鲜薯亩产2250千克左右，比对照品种宁紫薯1号增产14%左右；适宜在江苏、浙江、江西、湖南、湖北、重庆和安徽等省份种植，不宜在发生根腐病的地区种植。宁紫薯4号薯块形状适合机械化收获，该品种作为优质特色紫薯品种正在生产上大面积推广应用。

图1-23　宁紫薯4号

（2）徐紫薯8号（图1-24）。 徐紫薯8号的突出特点是高产广适、优质早熟、用途广泛，由江苏徐淮地区徐州农业科学研究所（江苏徐州甘薯研究中心）选育，2018年通过农业农村部非主要农作物品种登记［GPD甘薯（2018）320033］。该品种萌芽性较好，中短蔓，分枝数14个左右；叶片深缺刻，成熟叶绿色，叶脉绿色，顶叶为黄绿色带紫边；薯块紫皮深紫肉，薯形长筒形至长纺锤形，结薯较集中，大中薯率高；较耐贮。

图 1-24　徐紫薯 8 号

徐紫薯8号高产广适。2014—2017年连续4年23点多年多点次夏薯鉴定，平均鲜薯亩产2100千克左右，平均薯干亩产600千克左右，平均淀粉亩产400千克，比对照品种宁紫薯1号增色增产极显著；夏薯烘干率29%左右，比对照品种高4个百分点左右；平均淀粉率20%左右，比对照品种高3.5个百分点左右。2017—2018年在江苏、河南、山东、福建、新疆中部、内蒙古南部、河北等地示范种植，夏薯鲜薯亩产2300千克左右，春薯鲜薯亩产3200千克左右。宜在北方薯区适宜地区作为春、夏薯种植，不宜在根腐病重发地种植。

徐紫薯8号优质早熟。贮藏后可溶性糖含量可达6%以上，蒸煮后口感香、糯、粉、甜。每100克鲜薯花青素含量高达80毫克以上，主要成分为矢车菊素和芍药花素，占总量的90%以上。该品种结薯早，2018年在河北等薯区一年两季种植，大田生长期90天左右，鲜薯单季亩产2000千克左右，鲜薯销售每年每亩效益超过1万元，为农业结构调整和农民增收提供了一条新的途径。

徐紫薯8号用途广泛。除用于鲜食以外，徐紫薯8号适宜用来加工紫薯全粉、速溶雪花全粉、薯泥、速冻薯丁、薯酒等，紫薯全粉速溶性好，口感甜糯，深受消费者喜爱。徐紫薯8号茎尖鲜嫩可口，适宜做菜，同时加工的薯叶茶有特殊的香味和保健作用。徐紫薯8号也是绿化用材，叶片鸡爪形，在绝大部分地区可以正常开花，有独特的观赏价值。

（3）秦紫薯2号（图1-25）。秦紫薯2号突出特点是熟食口味极佳，质地细腻，粗纤维少。由宝鸡市农业科学研究院选育，2016通过国家鉴定（国品鉴甘薯2016009），2014年通过陕西省登记（陕薯登字2013001号）。该品种萌芽性较好，中蔓，分枝数12个左右，茎蔓中等粗，叶片心形带齿，顶叶绿色，叶片绿色，叶脉绿色，茎蔓绿色带紫条斑；薯形纺锤形，紫皮紫肉，结薯集中、整齐，单株结薯4个左右，大中薯率高；食味香甜；每100克鲜薯含花青素17.55毫克；春薯烘干率29.55%，比对照品种宁紫薯1号高3.52个百分点；耐贮性好；抗茎线虫病，中抗根腐病、蔓割病，感黑斑病。春薯鲜薯亩产2500千克左右；宜在陕西省、河南省、河北省、山西省等适宜地区作为春薯、夏薯种植，不宜在发生黑斑病的地区种植。

图1-25　秦紫薯2号（高文川　提供）

（4）齐宁18（图1-26）。齐宁18的突出特点是食味优、抗病性好、耐贮藏，由济宁市农业科学研究院选育，2019年通过农业农村部品种登记［GPD甘薯（2019）370002］。该品种萌芽性好，中蔓，分枝数10个左右，茎蔓中等，叶片心形，顶叶绿色，叶片绿色，叶脉绿色，茎蔓绿色；薯形长纺锤形，紫皮紫肉，结薯集中、整齐，单株结薯4个左右，大中薯率高；口感好，食味优，鲜薯蒸煮后黏、糯、香；每100克鲜薯含花青素20.54毫克；春薯烘干率30%左右，比对照品种宁紫薯1号高3个百分点左右；夏薯烘干率27%左右，比对照品种宁紫薯1号高2个百分点左右；耐贮性好；高抗茎线虫病，中抗黑斑病，感根腐病。春薯鲜薯亩产3000千克左右，夏薯鲜薯亩产2600千克左右，适宜在山东、河南、河北、江苏、安徽、北京、山西、陕西等地区平原或旱地作为春、夏薯种植，不宜在根腐病重发的地区种植。

图1-26 齐宁18（黄成星 提供）

（5）皁紫薯1号（图1-27）。阜紫薯1号的突出特点是鲜薯产量高，食味较好，由阜阳市农业科学院选育，2016年通过国家鉴定（国品鉴甘薯2016019）。该品种萌芽性较好，长蔓，分枝数9个左右，茎蔓较粗；叶片心形带齿，顶叶黄绿色带紫边，成年叶、叶脉和茎蔓均为绿色；薯块纺锤形，紫皮紫肉，结薯较集中，薯块较整齐，单株结薯3个左右，大中薯率较高。烘干率26%左右；每100克鲜薯含花青素23毫克左右；耐贮性好；中抗蔓割病，感根腐病，高感茎线虫病，感黑斑病。夏薯鲜薯亩产2200千克左右；薯干亩产600千克左右。适宜在北方薯区作为春、夏薯种植。

图1-27 阜紫薯1号（刘新亮 提供）

（6）绵紫薯9号（图1-28）。绵紫薯9号的突出特点是花青素含量高、高产稳产、抗病性好、耐贮藏，由绵阳市农业科学研究院和西南大学联合选育，2012年通过四川省审定（川审薯2012009），2014年通过国家鉴定（国品鉴甘薯2014005），2018年通过农业农村部品种登记［GPD甘薯（2018）510069］。该品种萌芽性好，中长蔓，分枝数10个左右，茎粗中等，叶片深裂复缺刻，顶叶绿色，叶片绿色，叶脉绿色，茎蔓绿色；薯形纺锤形，紫皮紫肉，结薯集中，单株结薯5个左右，大中薯率高；食味优，每100克鲜薯含花青素65毫克左右，干基粗蛋白质含量4.36%、还原糖含量7.25%、可溶性糖含量13.79%；夏薯烘干率29%左右，比对照宁紫薯1号高1.57个百分点；耐贮性好；高抗茎线虫病，抗蔓割病，中抗根腐病。夏薯鲜薯亩产2300千克左右，薯干亩产650千克左右；适宜在长江流域薯区作为夏薯种植，不宜在薯瘟病重发地种植。

图1-28 绵紫薯9号（丁 凡 提供）

（7）赣薯1号（图1-29）。赣薯1号的突出特点是花青素含量适中，熟食品质优，由江西省农业科学院作物研究所选育，2010年通过江西省认定（赣认甘薯2010001）。该品种萌芽性好，中蔓，分枝数6～8个，茎粗中等，叶片三角形，顶叶绿色，叶片绿色，叶脉绿色，茎蔓绿色；薯形纺锤形，紫皮紫肉，结薯集中整齐，单株结薯4～5个，大中薯率高；可溶性糖含量4.8%，每100克鲜薯含花青素29.63毫克，蒸煮熟食品质好；夏薯烘干率29%左右，比对照宁紫薯1号高1.85百分点；耐贮性好；抗黑斑病和根腐病，不抗茎线虫病。夏薯鲜薯亩产2200千克左右，薯干亩产640千克左右；适宜在长江流域和南方地区作为春、夏薯种植。

图 1-29　赣薯 1 号（吴问胜　提供）

（8）南紫薯008（图1-30）。南紫薯008的突出特点是熟食品质优，抗黑斑病，贮藏性特好，商品性佳，由南充市农业科学院选育，2008年通过四川省审定（川审薯2008003）。该品种萌芽性好，中蔓，分枝数4个左右，茎粗中等，叶片心脏形，顶叶紫红色，叶片绿色，叶脉绿色，茎蔓绿带褐色；薯形长纺锤形，紫皮紫肉，结薯整齐集中，单株结薯3个左右，大中薯率高；每100克鲜薯含花青素15毫克、维生素C 21.4毫克，鲜薯总糖含量7.95%、蛋白质含量0.72%，藤叶粗蛋白质含量为1.38%；甜味中等，纤维含量少，熟食品质优；夏薯烘干率23%左右；抗黑斑病，耐旱、耐瘠性较强，贮藏性特好。夏薯鲜薯亩产1800千克左右；宜在四川省等适宜地区作为夏薯种植。

图 1-30　南紫薯 008（刘莉莎　提供）

（9）桂紫薇薯1号（图1-31）。桂紫薇薯1号的突出特点是高产、优质、结薯多、薯形美观，由广西壮族自治区农业科学院玉米研究所选育，2014年通过广西壮族自治区审定（桂审薯2014005），2016年通过国家鉴定（国品鉴甘薯2016027），2020年通过农业农村部品种登记［GPD甘薯（2020）450024］。该品种萌芽性好，中蔓，分枝数8个左右，茎粗中等，叶片心齿形，顶叶绿色，叶片绿色，叶脉浅紫色，茎蔓绿带紫色；薯形纺锤形，紫皮紫肉带白色，结薯较集中整齐，单株结薯6个左右，大中薯率较高；食味优，干基蛋白质含量4.76%、可溶性糖含量17.77%，每100克鲜薯含花青素10.68毫克；秋薯烘干率27%左右；耐贮性好；室内蔓割病抗性鉴定结果为中感，福建室内薯瘟病Ⅰ型抗性鉴定结果为中抗，薯瘟病Ⅱ型抗性鉴定结果为高感，广东薯瘟病室内抗性鉴定结果为中感。秋薯鲜薯亩产1800千克左右，薯干亩产490千克左右；适宜在南方薯区的广东、广西、福建等地区作为秋薯种植，不宜在薯瘟病病地种植。

图1-31　桂紫薇薯1号（李慧峰　提供）

12 目前市场上的菜用甘薯品种及其突出特点有哪些？

菜用甘薯根据食用部位不同可分为：茎尖型菜用甘薯、叶菜型菜用甘薯、叶柄型菜用甘薯。主要特点如下：分枝能力强，产量高；一般食用部位无茸毛，无苦涩味；喜大肥大水、高温高湿；食用品质优、营养保健。菜用甘薯主要有三个用途：一是鲜食，可用于凉拌、炒菜、做汤等；二是初级加工品，经过漂烫后真空包装冷藏、出口等；三是工业原料，其地上部产量高、多酚类物质含量高，可作为多酚提取的工业原料。

目前推广的具有代表性的菜用甘薯品种有福菜薯18、广菜薯5号、薯绿1号、鄂薯10号、宁菜薯1号等。

（1）福菜薯18（图1-32）。福菜薯18的突出特点是食味品质优，产量高，适应性好，是目前我国菜用甘薯的主推品种，由福建省农业科学院作物研究所和湖北省农业科学院粮食作物研究所联合选育，2011年通过国家鉴定（国品鉴甘薯2011015），2012年通过福建省审定（闽审薯2012001），2016年获得植物新品种权（CNA20120363.3），2018年通过农业农村部品种登记[GPD甘薯（2018）350044]。该品种萌芽性好，株型短蔓半直立，叶片心形，顶叶、成叶、叶脉、叶柄和茎均为深绿色。单株结薯2～3个，薯块纺锤形，薯皮浅黄色，薯肉浅黄色，薯块烘干率28.4%，淀粉率17.1%。粗蛋白质含量（干基）3.02%，还原糖含量（干基）0.15%，粗纤维含量（干基）2.7%，每100克鲜嫩茎叶含维生素C 24.77毫克；茎尖无茸毛，烫后颜色翠绿，食味清香、有甜味，入口有滑腻感。抗蔓割病，中抗根腐病和茎线虫病，感黑斑病。平畦种植每亩12000～18000株。施肥以有机肥为主，采摘期内保持土壤湿润，采摘后适时追肥，在栽后150～300天采摘期内亩施纯氮30～50千克。适宜在长江及以南地区春、夏季露地种植，秋、冬季保护地种植。

图1-32　福薯18（邱永祥　提供）

（2）广菜薯5号（图1-33）。广菜薯5号的突出特点是抗病性强、茎尖采收产量稳定、炒熟后保持青绿、口感甜脆，由广东省农业科学院作物研究所选育，2015年通过国家鉴定（国品鉴甘薯2015019）；2017年获得植物新品种权（CNA20130591.6）。该品种萌芽性较好，株型半直立，生长势强，顶叶浅复缺刻，分枝多，顶叶、叶基和茎均为绿色，薯块纺锤形，薯皮黄白色。幼嫩茎尖烫后颜色翠绿，无苦涩味，略有清香，微甜，有滑腻感，食味好。国家菜用甘薯品种区试鉴定为高抗蔓割病、抗茎线虫病、中抗根腐病，中感薯瘟病。夏天种植采收6～8次的茎尖亩产2500千克。适宜在我国菜用甘薯产区种植，不宜在疮痂病高发地区种植。

图1-33　广菜薯5号（邹宏达　提供）

（3）薯绿1号（徐菜薯1号）（图1-34）。薯绿1号的突出特点是品质优和直立性好（适于机械化采收），由江苏徐淮地区徐州农业科学研究所（江苏徐州甘薯研究中心）和浙江省农业科学院作物与核技术利用研究所选育，2013年通过国家鉴定（国品鉴甘薯2013015），2015年获得植物新品种权（CNA20100663.2），2018年通过农业农村部品种登记［GPD甘薯（2018）320003］。该品种株型半直立，分枝多，叶片心形，顶叶黄绿色，叶基和茎均为绿色。薯块纺锤形，白皮白肉。茎尖无茸毛，烫后颜色翠绿至绿色，无苦涩味，微甜，有滑腻感，食味好。茎尖10厘米长粗蛋白质含量3.88%，脂肪含量0.2%，粗纤维含量1.6%，维生素C含量224毫克/千克，钙含量32.0毫克/千克，铁含量806毫克/千克。薯块干物质含量32.4%，可溶性糖含量5.45%，总淀粉含量22.1%。高抗茎线虫病，抗蔓割病，3个月茎尖产量约2000千克/亩。适宜在江苏、山东、河南、浙江、四川、广东、福建、海南等地区种植。

图1-34　薯绿1号

（4）鄂薯10号（图1-35）。鄂薯10号的突出特点是抗茎线虫病、抗蔓割病，由湖北省农业科学院粮食作物研究所选育，2013年通过国家鉴定（国品鉴甘薯2013014），2018年通过农业农村部品种登记［GPD甘薯（2018）420052］。该品种萌芽性优，中长蔓，叶片心形带齿，顶叶、叶片、叶脉、茎蔓均为绿色；薯形长筒形，淡红皮白肉；茎尖茸毛少或无，烫后颜色为翠绿至绿色，有香味、无苦涩味，无甜味，有滑腻感；食味优；抗茎线虫病，抗蔓割病，感根腐病，病毒病、食叶害虫、白粉虱和疮痂病危害轻。亩产茎尖2050千克左右；适宜在湖北、浙江、江苏、四川、广东等地区种植，不宜在根腐病重发地种植。

图1-35　鄂薯10号（王连军　提供）

（5）宁菜薯1号（图1–36）。宁菜薯1号的突出特点是茎尖产量高，由江苏省农业科学院粮食作物研究所选育，2013年通过国家鉴定（国品鉴甘薯2013016），2017年获得植物新品种权（CNA20130480.0）。该品种顶叶、叶脉、叶片均为绿色，顶叶三角深复缺刻形，分枝数中等，茎绿色，株形半直立，萌芽性较好；薯形纺锤形，薯皮红色，薯肉白色。茎尖无茸毛，茎尖烫后呈翠绿至深绿色，略有香味和甜味，口感有滑腻感，食味与对照品种福薯7–6相当；中抗根腐病和病毒病，中感蔓割病，不抗茎线虫病，食叶害虫危害轻。亩产茎尖2100千克左右。

图 1–36　宁菜薯 1 号

13 大面积种植甘薯需要注意哪些问题?

（1）登记品种。注意种植的甘薯品种是否通过农业农村部甘薯新品种登记，没有通过登记的品种，可能是还处在试验或鉴定阶段的品种，品种的产量潜力、适应性、稳定性还没有进行充分的鉴定和评价。

（2）新品种权保护。注意种植的品种是否获得植物新品种权保护。获得植物新品种权保护的甘薯品种，如果被其他企业或单位购买了使用权，一旦大面积种植就可能会造成侵权，在企业维权时，将会给种植户造成不必要的经济损失。如果没有转让使用权，可以征得品种所有人的同意，在种植表现好的情况下，可以购买一定范围内的使用权。

（3）市场定位。根据自己种植甘薯的市场定位，以及当地的自然禀赋，有针对性地选择合适的品种，先进行品种引种试验，评价适应性和稳定性。许多跨区引种的品种第一年适应性和丰产性表现较好，但是从第二年开始产量显著降低，在之后的3～5年不但产量下降，而且感病症状会越发加重，严重影响种薯种苗繁育以及商品薯生产，稳产性较差。应通过多年鉴定后，再进行大面积种植。

（4）隔离检疫。对异地或国外引进的品种进行隔离检疫。一般引种企业、单位都没有隔离检疫设施，也缺乏隔离检疫技术；如果是从官方渠道引进的品种，会在指定的机构进行隔离检疫；对于从非官方渠道引进的品种，为了保证鲜食甘薯产业的健康发展，建议主动将引进材料提交国家甘薯种质库进行隔离检疫，防止外来物种对甘薯产业带来危害，还可以保证引进品种的规范安全保存，便于今后继续开发利用；对一些染病材料，还可以借助国家甘薯种质库优势，将其进行脱毒培养，提供干净的脱毒种苗应用于甘薯生产。

（5）正规渠道购买。在正规的育苗单位购买健康种薯种苗种植。有条件的情况下，可以单独或者联合建立健康种苗繁育体系，保证有足够的健康种苗，构建标准化、规范化的高效栽培技术体系及病虫害防控技术体系。将优良的品种种在适宜的区域、适宜的土壤，建立配套产品质量监测及溯源体系，保证生产出优质合格的商品薯供应消费市场。

（6）前茬作物影响。注意前茬作物施用的化学调节剂对甘薯的影响。前茬作物种植过程中使用的除草剂、控旺剂等药物可能影响甘薯生长，导致死苗、薯块开裂等，严重影响产量、品质。

（7）适期收获。根据市场行情，调整收获时间。特别是鲜食型甘薯，在保证效益的情况下，可以错季收获上市，尽管鲜薯产量没有达到最高，但反季节销售价位高，收益会远高于当季收获上市。

第二章 甘薯繁种与育苗

第一节 甘薯良种繁育

现在市场上种薯种苗良莠不齐，本节重点介绍什么是脱毒甘薯、脱毒甘薯有哪些优点、怎样培育脱毒甘薯和生产脱毒薯苗，以及如何在市场上选购健康薯苗。

14 脱毒甘薯有哪些优点？

在弄清脱毒甘薯之前，首先介绍一下甘薯为什么要脱毒。

由于甘薯用种子繁殖的后代性状高度分离，不能保持原种特性，因此，甘薯只能通过无性繁殖进行生产，必须通过块根根眼处已分化形成的不定芽原基萌发形成薯苗，然后通过不断地剪苗、繁殖、栽插，完成甘薯的种植。我国长江中下游薯区及以北地区甘薯主要以块根越冬保存，也有部分以薯苗越冬保存，第二年作为种薯或种苗进行繁殖育苗，这样周而复始，年复一年地种植。

甘薯种植过程中，会出现叶片或茎蔓生长不正常的现象，如褪绿矮化、卷叶等，这是由于甘薯受到病毒的侵染。那么病毒是如何侵染的呢？粉虱、蚜虫等通过取食植物叶片等，将病毒从带毒植株传给其他甘薯植株，随着甘薯的生长，这些病毒在植株体内不断复制、积累。起初薯苗体内病毒拷贝数比较低时，薯苗并不出现明显症状，但是随着病毒不断复制，日积月累，地上部叶片出现卷叶、黄化、发白、花叶、褪绿斑点、皱缩等症状，植株矮化，地下部薯块发生龟裂，严重降低薯块商品性，严重影响销售，部分品种薯块产量显著降低，甚至绝收，给甘薯生产带来严重影响。

世界上已报道能够侵染甘薯的病毒有30多种，而在我国甘薯上共计检测出约20种病毒。目前还没有发现可以有效治愈受病毒侵染甘薯的药剂，培育脱毒甘薯是控制病毒侵染的有效方法，即利用植物组织培养的方法，通过薯苗顶端分生组织培养，在组培室适宜生长的条件下，培养出脱除已感染病毒的甘薯植株，通常称之为脱毒甘薯试管苗或者脱毒甘薯组培苗，而利用脱毒甘薯组培苗在规范隔离条件下生产的种薯都称为脱毒种薯。

脱毒甘薯可在原品种的基础上使其优良种性得到很好的恢复，充分展现原品种的主要特征特性，较好地达到提纯复壮的效果，具体表现为：脱毒甘薯须根和柴根少，薯块分布集中、大小均匀、表面光滑、颜色鲜亮，薯块外观品质显著提升，商品薯率显著提高；增产效果显著，尤其是病毒危害较重、产量损失较大的品种，脱毒后增产幅度更大，有些品种增产幅度可达100%以上；整个生长过程中薯块增重速度加快，单株结薯数有所增加；脱毒甘薯薯块萌芽性好，出苗时间提前1～4天，苗期生长势强；薯苗生长势旺，栽插后发棵早；藤蔓生长健壮，叶片肥厚鲜嫩，叶面积指数增大，叶片光合能力增强，茎叶鲜重增加，蔓长增加，地上部生物量显著增加；生长后期藤蔓衰老慢；T/R值（地上部鲜重与地下部鲜重的比值）减小，经济系数提高；脱毒甘薯使用后田间病害症状减轻，薯苗整体生长健康，发病率明显降低，甚至病害消失。但是，脱毒甘薯还需要根据其在生产中再次感染病毒的情况及其对产量和品质的影响，及时更换，一般可在生产中应用2年，原则上每年更换1次。脱毒甘薯地上部生长旺盛，栽培过程中注意控制其旺长，充分发挥脱毒增产优势。

15 甘薯脱毒包括哪些程序？

甘薯脱毒主要包括以下几个主要环节（图2-1）。

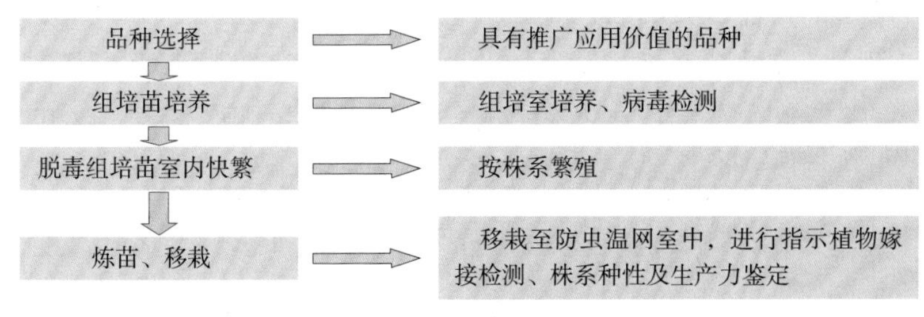

图2-1　甘薯脱毒程序

（1）品种选择。应选择生产上具有推广应用价值的甘薯品种、特殊的遗传材料或目标性状突出、综合性状优良的中间材料等。

（2）组培苗培养。首先选择茎尖分生组织培养的适宜培养基。常用的培养基为MS基本培养基添加不同类型不同浓度的植物生长调节剂，根据其用量分别量取，溶解，混合，调整pH，分装，高温高压灭菌，然后室温或低温保存备用。选择、处理外植体，剥离并培养茎尖分生组织。一般选择再生能力强的幼嫩茎尖，最好选择薯块催芽或者春季薯块育苗萌发的幼苗，选取3～4厘米的幼嫩茎尖，先去除叶片，用自来水冲洗去除茎尖表面附着的灰尘泥土等，然后加吐温（聚山梨酯）继续洗涤，用自来水冲洗，预处理的茎尖稍后用70%乙醇溶液浸泡，用次氯酸钠溶液灭菌，用无菌水冲洗，在解剖镜下剥离茎尖分生组织0.2～0.4毫米，接种于诱导培养基，根据茎尖分生组织生长情况及时转管，获得甘薯组培苗。

（3）组培苗病毒检测。对培养获得的组培苗，按照株系进行繁殖，取每个株系组培苗整株，提取汁液采用酶联免疫吸附测定法（ELISA）进行血清学检测，或者提取整株RNA进行反转录–聚合酶链式反应（RT–PCR）检测或实时荧光定量PCR检测，根据检测结果汰除阳性株系，保留脱毒株系，避免病毒交叉感染，提高脱毒组培苗繁殖效率。

（4）脱毒组培苗快繁与鉴定。通过血清学检测及分子生物学检测的阴性株系，在实验室加速繁殖，移栽部分株系组培苗至隔离防虫网室（灭菌基质）；通过指示植物巴西牵牛（*Ipomoea setosa*）嫁接进行第二次病毒检测，根据检测结果再次汰除阳性株系对应的组培苗株系。另外，将移栽繁殖的脱毒株系，以同品种田间正常生长材料为对照，进行优良株系的比较，筛选出既能体现本品种特性又高产的最优株系，对应汰除室内变异株系或者生产力降低的株系，保留最优株系，并在快繁培养基上进行快速繁殖。

（5）甘薯脱毒组培苗利用。将上述快繁的脱毒组培苗先在室内炼苗。取出并洗净附着的培养基，截断较长根系，移栽到事先处理过的基质或土壤中，并保持80%～90%的相对湿度，遮阴，避免阳光直射，最好室内过渡；待移栽组培苗长出新的叶片，完全成活，并且生长健壮时，将其栽入隔离采苗圃，网纱隔离，定期观察，及时喷药，以防蚜虫和粉虱等传毒媒介繁殖。

 甘薯脱毒种薯种苗如何生产?

甘薯脱毒种薯种苗生产（图2–2）主要包括以下几个方面。

（1）基地选择。最好选择周边至少500米范围内无旋花科、茄科、葫芦科作物种植，没有甘薯检疫性病虫害发生，排水方便，前茬不是以上作物的地块，条件允许的情况下，建立隔离大棚，覆盖40～50目尼龙网纱。棚内起畦或起垄，畦宽80～100厘米，垄宽70～80厘米。

（2）脱毒原原种薯（苗）生产。一是脱毒原原种苗的生产。在室内快繁的基础上，只要能通过人工加温保证隔离大棚地温及空气温度在20℃以上，就可不受季节限制，将移栽入采苗圃的脱毒组培苗，每两节作为一株种苗，按照株行距20厘米×20厘米进行畦栽繁殖，只要满足栽插长度，基数较大，可以直接供生产利用。二是脱毒原原种薯生产。剪苗进行垄栽，栽插密度为3500～4000株/亩，浇透定植水。根据田块肥力情况，酌情施肥。在霜降前选择晴好天气及时收获，防止霜冻。选用通气良好，韧性较好的材料包装，或者用塑料筐进行包装，标明品种名称、生产单位等。通过此方法繁育的脱毒原原种薯（苗）必须符合NY/T 402—2016《脱毒甘薯种薯（苗）病毒检测技术规程》规定的质量标准。

（3）脱毒原种薯（苗）生产。采用露地或者温室育苗，必须保证地温稳定，并且不低于14℃，对于有些低温敏感品种，可根据地温情况，适当推迟排种育苗时间。如果早春排种育苗，地温偏低，建议苗床铺设地热线等加温设备，尤其要做好露地育苗夜间保温。排种时将收获贮存的脱毒原原种薯，经50%多菌灵可湿性粉剂800倍液浸种，采用平排法，根据种薯大小，分开排种，尽量保持排种深度一致，浇透排种水。排种后，催芽阶段需要保持苗床地温在28～32℃，保持5～7天，出苗后长苗阶段地温控制在25℃左右，根据墒情适当浇水。繁种田最好覆盖防虫纱网，根据栽插农时，适时整地、起垄，起垄时每亩施入5%辛硫磷颗粒剂2千克。施肥以基肥为主，追肥为辅；以有机肥为主，化肥为辅；每亩施腐熟有机肥3000～4000千克，纯氮（N）3千克，五氧化二磷（P_2O_5）6千克，氧化钾（K_2O）8千克。要注意适时早栽，栽插密度为3500～4000株/亩。栽插后浇足定苗水，埋好，压

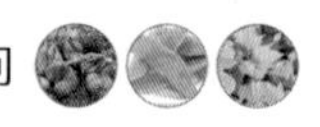

实。整个生长期基本不再需要浇水，如果下雨内涝，需要及时排水。及时中耕除草，控制旺长。霜降前选择晴好天气适时早收，争取上午收获，下午入库，轻拿轻放。

（4）脱毒生产用种薯（苗）生产。其生产方法可以参照脱毒原种薯（苗）生产方法进行。

（5）脱毒种薯（苗）生产过程主要病虫害防治。脱毒种薯（苗）生产过程中主要病虫害为黑斑病、根腐病、粉虱、蚜虫、地老虎、蛴螬、甘薯蚁象等，防治措施主要以预防为主，采用农业防治（防虫网隔离、加强进出管理、规范田间管理）、物理防治（杀虫灯、黄板、性诱剂）、生物防治（保护天敌、释放丽蚜小蜂等天敌）、化学防治等综合防治措施。黑斑病主要防治措施为采用25%嘧菌酯悬浮剂1500倍液浸泡基部10～12分钟或者50%甲基硫菌灵可湿性粉剂500～700倍液蘸根2～3分钟，然后进行扦插；根腐病主要防治措施为选择无病地块进行繁种育苗；粉虱主要防治措施为用25%噻虫嗪水分散粒剂每亩10～20克兑水喷雾；蚜虫主要防治措施为用10%吡虫啉可湿性粉剂2000倍液喷雾；地老虎和蛴螬主要防治措施为用25%甲萘威可湿性粉剂配成毒饵诱杀。

（6）脱毒种薯（苗）质量标准。抽样及检测方法均需严格按照行业标准NY/T 402—2016操作要求进行，脱毒组培苗及原原种带毒率为0；原种甘薯羽状斑驳病毒（SPFMV）、甘薯潜隐病毒（SPLV）、甘薯G病毒（SPVG）、甘薯褪绿斑病毒（SPCFV）带毒率≤2%，甘薯褪绿矮化病毒（SPCSV）和甘薯双生病毒（Sweepoviruses）带毒率为0，病毒病显症率≤1%；生产用种SPFMV、SPLV、SPVG、SPCFV带毒率≤10%，SPCSV和甘薯双生病毒带毒率为0，病毒病显症率≤5%。

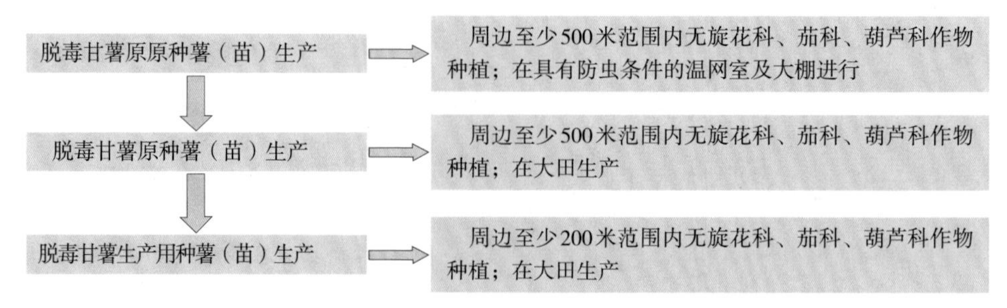

图2-2　甘薯脱毒种薯种苗生产主要程序及要求

 如何区别和选购甘薯脱毒种薯种苗？

甘薯脱毒种薯种苗生产是在较为严格的防止病毒再侵染的条件下进行的，由于我国尚未建立较为完善的脱毒种薯种苗质量监控体系，市场监管相对滞后，生产过程不太规范，导致市场上种薯种苗质量良莠不齐。

（1）选购脱毒种薯种苗的方法。

① 需要去正规的科研机构，因为这些国家科研单位已建立较为完善的脱毒种薯种苗生产技术体系，并且具备脱毒种薯种苗生产所需的室内培养车间和室外繁殖基地，建立了较为完善的病毒检测平台，为脱毒种薯种苗生产提供了安全保障。

② 选择在生产许可证、经营许可证和营业执照等手续齐全，脱毒种薯种苗生产、检测等繁育体系健全的企业购买，若计划长期从事大面积甘薯种植，可以实地考察其脱毒苗生产及检测平台，原原种、原种种薯种苗繁育基地以及关键生育期种薯种苗田间表现。

③ 需要签订购买合同书，明确种薯种苗质量等相关约定，千万不能图便宜而购买来历不明的种薯。

④ 可以根据生产用途、生产需求，选购良种级脱毒种薯种苗或者更高级别脱毒种薯种苗，来保证商品薯的正常供应。

⑤ 脱毒种薯种苗只是脱除了侵入甘薯体内的以现有检测技术及灵敏度能检测到的主要病毒，尚有一些更低浓度的已知病毒和未知病毒无法检出，因此选购的脱毒种薯种苗需根据增产效果及田间表现及时更新。

（2）区分脱毒苗和普通苗的方法。观察脱毒甘薯种薯种苗质量及田间表现，可区分脱毒甘薯种薯种苗和普通甘薯种薯种苗。

① 脱毒甘薯一般增产效果显著，与未脱毒甘薯相比，脱毒甘薯增产幅度明显，不同品种耐病毒能力有所差异，易感病毒品种脱毒后增产潜力非常大，甚至可增产100%以上。

② 脱毒甘薯地上部较未脱毒甘薯生长旺盛，叶片鲜亮肥厚，栽插后缓苗快。

③ 脱毒甘薯萌芽性好，产苗量提高。

④ 脱毒甘薯薯块膨大快，结薯早，并且整齐集中，薯皮光滑，颜色鲜艳。

⑤ 由于自身携带病菌较少，在相同贮存条件下，脱毒种薯完好率相对较高。

以上关键点均可作为脱毒甘薯在育苗、收获、贮存等各个重要环节的评价指标，从而区别及选购合格的脱毒甘薯种薯种苗。

第二节　甘薯壮苗培育

本节重点介绍甘薯是如何种植的，有哪些育苗方法，不同育苗方法各有什么优缺点，需要如何准备，以及如何培育壮苗。

18 生产上甘薯为什么不能用种子、薯块或切块直接种植？

（1）甘薯种植方式。甘薯生产过程有别于禾谷类作物，甘薯通过无性繁殖生产，需要有一个育苗过程，利用培育的薯苗进行栽种，而不是用种子、薯块直接进行种植。甘薯生产过程主要包括利用种薯进行育苗，再用薯苗进行大田栽插，甘薯种植采用垄作法，栽插前需先施肥、起垄，然后进行栽插，栽后浇水确保薯苗成活，生长前中期进行中耕除草，不翻蔓，甘薯生长期一般不再施肥，以防茎叶生长过旺影响薯块产量，下霜前收获结束，鲜食甘薯可根据市场需求及市场价格确定收获时间。

（2）不能用种子、薯块或切块直接种植的原因。甘薯是高度的杂合体，生产上一般不用种子进行直接种植，因为利用种子繁殖的后代的性状如株型、叶形、薯皮色、薯肉色、产量、抗病性等都会产生广泛的分离，性状很不一致，不能保持原有品种的种性。此外，在我国的大部分地区甘薯一般不开花结籽，要得到种子很困难，因此生产上不提倡用种子繁殖。

为了省略育苗环节，生产上对用薯块或切块直接种植有过很多研究，但由于薯块或切块直接种植有许多不利因素，因此生产上一直没有应用。主要原因如下。

① 甘薯耐低温性较差，贮藏温度一般为10～15℃，在低温条件下薯块切开后容易从伤口处腐烂。

② 甘薯从排种到出苗时间较长，在北方地区大部分甘薯作为春薯种植，从甘薯薯块入土到成苗需要较长的时间，入土太早容易冻烂，造成出苗不均。而在南方地区作物茬口衔接比较紧，如果薯块直接在田间播种，会造成在田时间长，影响土地利用率及茬口安排。

③ 田间直接种植薯块会由于出苗时间差异大而影响苗质，从而影响产量。

④ 薯块直接播种会将一些病害随种薯带到大田。

⑤ 直接播种的用种及用工量大，生产成本高，因此生产上一般不用薯块或切块进行直接种植。

19 生产上甘薯育苗方法及萌芽条件有哪些？

甘薯育苗是甘薯生产上的重要一环。由于各地的自然条件、栽培制度和生产条件不同，育苗方法多种多样，主要可分为加温育苗、保护地育苗和露地育苗三种。加温育苗因热源不同又可分为火炕育苗、酿热物温床育苗和电热温床育苗等；保护地育苗一般利用玻璃温室、塑料薄膜等覆盖物吸热保温育苗，如冷床覆膜育苗；露地育苗就是利用自然温度，不加任何覆盖物，在露地条件下进行育苗。

近年来生产上用得较多的育苗方法有冷床覆膜育苗法和电热温床育苗法。火炕育苗虽然出苗快而多，但建床费事，需要燃料，薯苗质量较差；酿热物温床育苗出苗较快，薯苗较健壮，但需要酿热物；电热温床育苗利用电能加热，方便可控，能够满足育苗对温度的要求。冷床覆膜育苗设备简单，不需要燃料和酿热物，效果较好。露地育苗适合在温暖地区或季节采用，是利用自然温度进行育苗的一种方法，露地育苗简单、管理方便、薯苗粗壮，但用种量大、出苗较慢，并且受季节和地区的限制，一般只能满足夏薯栽插的需要。

薯块需要在温度、水分、空气、光照和养分等条件适宜的情况下才能萌芽。

（1）温度。在育苗过程中，特别是在萌芽时期，温度是一个重要外在因素，床土温度和床内温度的高低决定出苗的早迟和出苗量的多少。当床土温度在20℃以上时，不定芽原基才开始萌动。在15～35℃范围内，温度越高薯块萌芽越快、萌芽数量越多，因此萌芽时需要做到高温催芽。出苗前温度主要是看土温，出苗后主要看气温，一般情况下出苗后棚内气温与苗质呈负相关关系，气温升高则苗质变弱，因此生产上要求低温炼苗，一般气温以25℃左右为宜。

（2）水分。水分是薯块萌芽的重要条件之一，水分的多少直接影响出苗多少及薯苗壮弱。薯块本身含有较多的水分，能满足萌芽的需要，但土壤的水分状况亦能影响到薯块的萌芽速度及出苗量多少。若水分不足，则会抑制芽原基的分化，造成萌芽少而慢，发根困难。在土壤水分达到饱和时，高温高湿使薯块容易腐烂。因此，在排种出苗期，要求苗床土壤保持湿润，苗床土壤的水分含量应保持在最大持水量的80%左右。

（3）养分。甘薯块根萌芽出苗所需的养分主要由薯块本身供给。在温度、湿度和氧气含量适宜的条件下，块根呼吸作用加速，通过呼吸作用的物质转化可满足幼芽萌发和新根生长的需要。苗生长期缺氮会造成薯苗矮小，叶色发黄。氮肥过多、光照不足，容易形成弱苗。

（4）氧气。氧气是种薯萌发的必要条件之一，薯苗的健壮生长与呼吸作用密切相关。氧气不足会影响种薯的呼吸作用，导致发芽慢或不发芽。在薄膜覆盖育苗时要注意通气，有时薄膜覆盖育苗在育苗初期出现烂芽就是由高温高湿、通气不良所致。

（5）光照。出苗前种薯的萌发通常不需要光照，光照强弱只对床温的高低有影响。一般情况下黑暗条件对薯块萌发有利，但出苗后必须有充足的光照条件，以利于植株进行光合作用，促使薯苗健壮，光照不足会导致薯苗黄嫩细弱。高温下过强的光照会使床温猛升而烧苗。

20 育苗需要做好哪些准备工作？

（1）苗床面积的确定。苗床面积要根据大田栽种面积来确定，大田栽种面积又取决于是栽春薯还是栽夏薯，一般春薯需要的苗床面积是夏薯的两倍。每亩大田的用种量要根据育苗时间、育苗方法、品种的萌芽性而定，一般春薯大田每亩用种量为60千克左右，夏薯为30千克左右，以塑料薄膜覆盖育苗为例，每亩春薯需预备苗床地10米^{2}左右，夏薯减半。

（2）苗床的准备。苗床地的选择要考虑地势、土质、病害和水源等因素，有四条选择原则。一是要背风向阳、地势高。选择背风向阳的地方做苗床，可使苗床增温快、温度高。地势高、排水良好，可以确保苗床不受水淹、不积水。二是要求土壤肥沃、没有盐碱性。盐碱性土壤出苗慢且出苗量少。土壤肥沃利于培育壮苗。三是要求苗床地两年以上没有种过甘薯，因近年种过甘薯的地块容易使薯苗感染病害，如黑斑病、根腐病、茎线虫病等一些土传性病害。四是要求苗床靠近水源，甘薯苗床用水量大、用水勤，靠近水源便于苗床浇水，节省劳动力。

（3）种薯的准备。甘薯品种类型较多，要根据种植需要准备不同类型的甘薯品种。如甘薯用于鲜食就需准备鲜食用甘薯品种的种薯，如是用于淀粉加工的就需准备淀粉加工用品种的种薯，种薯可以自己留种或购买，都应在排种育苗前早做好准备。根据种植面积及薯苗的需求量确定种薯的数量，同时还需考虑品种的萌芽性，一般萌芽性好的品种可少准备一点。

（4）材料的准备。苗床选好后就要积极做好育苗准备工作，如冬季进行深翻冻垡，来年早春施足基肥，以便气温上升时及时排种育苗。育苗前要准备好肥料、农膜、弓棚杆，若采用酿热温床育苗还需准备好酿热物，若采用电热温床育苗就要准备电热线等材料。

21 不同育苗方法需要注意哪些问题？

甘薯育苗是甘薯生产的重要一环，高效的育苗技术可扩大新品种的繁殖系数，做到早出苗、多出苗、早栽插、早上市，提高甘薯的产量和种植效益。目前生产上甘薯育苗方法主要有冷床覆膜育苗、电热温床育苗和露地阳畦育苗等方法，酿热温床覆盖薄膜育苗法在有些地方还被采用。其中冷床覆膜育苗法包括冷床双膜（小拱棚+地膜覆盖）育苗（图2-3）和冷床三膜（大棚+小拱棚+地膜覆盖）育苗（图2-4），这种育苗方式对环境温度要求高，需要天气晴好、光照充足，如遇到多雨天气就很难达到持续高温催芽、中期温度均匀的壮苗培育要求。采用电热温床育苗技术不仅可以实现甘薯标准化、工厂化育苗，且有利于科学控温、提早出苗、提前栽种而获得高产，而且还可以提早收获上市，从而获得较高的经济效益，但这种育苗方式成本较高。露地阳畦育苗操作简单，成本低，适合夏薯种植用苗的培育。酿热温床覆盖薄膜育苗法需要有酿热物。

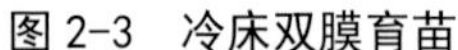

图 2-3　冷床双膜育苗

图 2-4　冷床三膜育苗

（1）冷床覆膜育苗法。不用酿热物，不需要人工加温，只利用覆盖薄膜，吸收太阳热能来提高床温。因为太阳光透过薄膜达到床土后，一部分被床土吸收，通过传导作用，提高床温，另一部分向外辐射，提高膜内气温。薄膜导热力和透气性低，保温保湿性能较好，能使薄膜内的床温上升，有利于薯块幼芽萌发和薯苗的生长，与不覆膜相比出苗可提早10天以上，且出苗量多。冷床覆膜育苗法设备简单，投资少，容易操作，效果较好，是小农户自家育苗的常用方法。

冷床覆膜育苗法要注意的问题是出苗前高温催芽，膜内温度可高达35℃而不会出问题，但出苗后要注意膜内温度应控制在25～30℃，如膜内有地膜要注意在幼芽出土后及时抽掉地膜。当膜内温度过高时可通过两头揭开薄膜透气降温，如苗床较长还可在苗床中间位置的两边揭开一点透气降温。剪苗前3天左右需揭开薄膜进行炼苗，揭膜时间应选在无风的傍晚或早晨，以避免白天揭膜造成烧苗。肥水管理方面做到高温时不缺水，降温炼苗时不浇水，剪苗后结合施肥浇足水，促苗快发。

（2）电热温床育苗法。早春温度较低时，为了提早出苗和栽种可采取电热温床育苗法，该方法需要铺地热线进行加温。电热温床的做床方法同一般苗床，苗床上方应覆盖薄膜。

具体做法是在苗床铺10厘米的土层，整平踩实。然后在床土上铺电热线，先在两头以间距8～10厘米固定一些小木桩，把电线固定在木桩上。要求布线平直，松紧一致，防止电热线交叉、重叠和打结，若有多根电热线应并联而不可串联，往返趟数应为偶数，绕好线后，安装控温仪。电热线布好后均匀覆盖5厘米的床土，整平后排种、浇水、盖土，然后扦弓、盖膜。根据育苗所需准备好800～1000瓦电热线、自动控温仪、保险丝、电闸开关和电能表等有关电器设备（图2-5）。

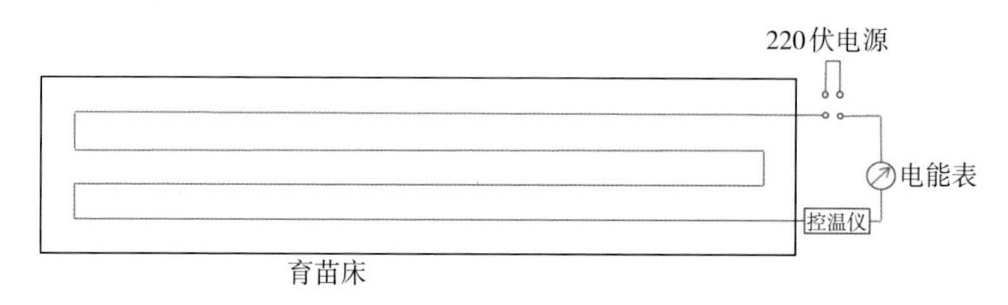

图2-5　电热温床育苗电热线铺法

电热温床育苗法要注意的是铺好电热线后均匀覆盖5厘米的床土才能排种，不宜直接在电热线上排种，以免烧伤种薯（图2-6）；铺设电热线时要求布线平直，防止电热线交叉、重叠和打结，以防破损短路。

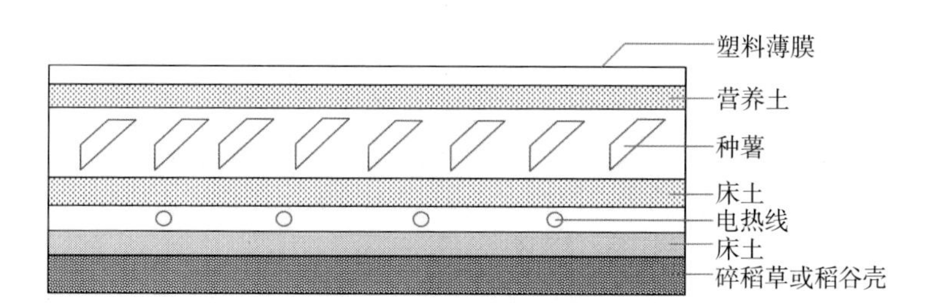

图2-6　电热温床育苗示意图

（3）露地阳畦育苗法。露地阳畦育苗法是利用自然光热资源，不采用其他保温和增温措施，在露地上直接育苗的方法，优点是简单易行，省工省料，管理方便，薯苗健壮，缺点是用种量大，萌芽出苗慢，出苗数量少，此法适合我国中南部温暖地区、温暖季节，以及栽夏秋薯地区应用，一般有平畦、高畦和小高垄式。

露地阳畦育苗法要注意的问题是选床址时要注意苗床四周排水方便。由于排种覆土后不再加盖任何覆盖物，土壤水分蒸发快，覆土时要用细土覆均压实。露地阳畦育苗一般在排种后40天才可剪头茬苗，具体的育苗时间应根据栽插时间决定。

（4）酿热温床覆盖薄膜育苗法。主要是利用大量纤维酿热物发出的热量和太阳的辐射热能来提高床温。具体做法是床底铺入秸秆、杂草、树叶、骡马粪类酿热物，再加盖薄膜，是利用酿热物发酵产生热量促使薯块发芽的一种育苗方法，其优点是节省燃料、出苗齐苗较快，成本低。一般春分前后选择向阳、地势高、排水良好和管理方便的地方建床。苗床以东西向为好，床宽以管理方便为原则，与塑料薄膜宽度相适应。

酿热温床覆盖薄膜育苗法应注意苗床为东西方向。为了放置酿热物，需在苗床上挖30厘米深的坑，其南面略深一些，以便多放一些酿热物、提高南面床温；北面接受阳光正面照射，升温较快，这样床温更均匀。选用作物的秸秆、杂草、树叶作酿热物要混入富含高温好气性细菌的骡马粪。酿热物湿度以用手抓紧酿热物手指缝见水而不滴为宜，厚度不少于30厘米。酿热物踩压后需盖上10厘米厚的床土，踩实后可盖上薄膜。床温稳定在34℃左右时即可排种，排种后浇足水，上盖3厘米左右的细土，盖好薄膜。

22 甘薯苗床管理以及快速提苗和提早上市的方法有哪些？

甘薯育苗要做到早、足、壮，苗床管理要求做到前期高温催芽，以催为主；中期平稳长苗，催炼结合；后期低温炼苗，以炼为主。

（1）前期高温催芽。种薯上床前应将床温提高到30℃左右，然后开始排种，排种时由于薯块的头尾不容易识别，一般采用薯块平排，薯块间隔3厘米左右，薯块按大小分片排或分床排，以减少大苗欺小苗的现象，排放种薯时要做到上齐下不齐的原则，这样覆土深浅一致，出苗整齐。排种至出苗阶段封闭薄膜增温，以高温催芽为主，温度保持在30～35℃，温度超过35℃时适当透气降温，并保持苗床相对湿度80%左右。初期高温可促进薯块萌芽和出苗，出苗后可将温度降到30℃左右。排种初期苗床的湿度也影响发芽出苗的快慢和多少，排种后要浇足水分，一般出苗前不浇水，如床土过干可适当浇水。

（2）中期平稳长苗。出苗到剪苗前是培育壮苗的关键时期，出苗初期即有60%的薯块顶土出芽时，仍是以催为主，床温保持在28～30℃，床温超过35℃时应及时打开苗床两端薄膜通风降温。齐苗后应将床温降到25℃左右，使薯苗在较低的温度条件下平稳生长，这一时期的浇水量应根据床土的湿度而定。湿度过低则薯苗生长慢，湿度过高则薯苗生长快而嫩，在这两种情况下都不能育成壮苗。

(3)后期低温炼苗。炼苗就是让薯苗在自然光照条件下进行锻炼，提高薯苗对田间条件的适应能力。当薯苗长到20厘米以上时要停止浇水，逐渐揭开塑料薄膜降低床温，剪苗前3天进行低温炼苗，使床温降到与田间温度相似。揭膜应选择在清晨无风时进行，不宜在中午阳光强烈时进行，以免高温灼苗。经3天锻炼后可剪苗栽插。

(4)剪苗。当薯苗长到25厘米以上时就可以剪苗。剪苗时应采取高剪苗方式，即留基部1～2节，以防止苗床土传病菌通过薯苗带到大田。一般以当天剪苗当天栽插为宜，若剪苗后放置过久，薯苗因呼吸作用消耗养分，或因堆置而引起发热，使叶片发黄，不利于薯苗栽后发根生长。但在干旱高温气候条件下，剪苗后可放在通风湿润条件下进行“饿苗”锻炼1～2天，增强薯苗的抗旱性，薯苗容易成活。

(5)剪苗后的管理。剪苗后的苗床管理又转入以催为主的阶段，促使小苗生长。剪苗后床温应很快上升到30℃以上。剪苗当天不浇水，以利伤口愈合，第二天进行浇水，一般剪二茬苗后进行追肥，追肥以速效氮肥为主，每亩50千克左右，追肥后用清水淋洗叶面，以防灼烧茎叶。此外，苗床管理还需进行培土、除草、治虫等工作。

甘薯出苗量多少与品种、育苗方法及苗床管理有关，其中薯苗生长快慢主要取决于苗床管理，为了快速提苗，促使薯苗提早供应，在育苗期间需加强苗床管理。在排种后至出苗前要做到高温催芽，使苗床温度达到30～35℃，并保持土壤有一定的湿度，育苗方式上可采用三层薄膜覆盖法，即大棚+小弓棚+地膜育苗，有条件时可在晚上在小弓棚上再盖上草帘进行保温。或采用三层薄膜覆盖法再加电热线加热，确保早出苗。还可采用薄膜覆盖再加酿热温床育苗法，其目的是提高苗床温度，促使早出苗。出苗后的管理主要集中在肥水和温度的双重管理，既要使苗长得快又要育壮苗，温度管理上要使床温保持在28～30℃，床温超过35℃时应及时打开苗床两端薄膜通风降温，床土保持湿润以满足薯苗快速生长的需要。齐苗后应将床温降到25℃左右，使薯苗在较低的温度条件下平稳生长，培育壮苗，剪苗前进行揭膜炼苗。剪苗后又转入下一轮管理周期，应及时补充速效氮肥，满足薯苗生长需要。

23 薯苗壮苗标准及培育方法有哪些?

薯苗粗壮，则栽后成活率高，发根还苗快，结薯早，产量高。壮苗的特点是茎粗节短，老嫩适度，百株苗重0.75～1.0千克，苗长25厘米左右，叶片肥厚，大小适中，色泽浓绿，根基粗壮，无气生根，无病虫危害。

培育壮苗主要从种薯的选择和苗床管理两方面考虑，薯块大小及排种密度是影响苗质的一个重要因素，一般薯块小的苗质要比薯块大的苗质弱一些，排种密度大的苗质要比排种稀的苗质弱一些。薯苗质量除品种本身特性外，还与育苗方式和管理措施有关，一般露地育苗方式容易获得壮苗，火炕育苗和电热温床育苗较为困难。光温条件及肥水管理是影响苗质的重要环境因素。光照不足不容易培育壮苗。温度调控是培育壮苗的重要外部条件，在排种到出苗前要高温催芽，床温保持在30～35℃，出苗采苗前是培育壮苗的关键时期，床温保持在28～30℃；采苗前3～4天揭去薄膜，将床温降到大气温度，促苗健壮。薄膜覆盖育苗主要是通过揭膜控制温度，露地育苗主要是通过肥水管理控制苗的生长速度及苗质。

24 如何实现越冬育苗和越冬保苗?

甘薯是多年生植物，再生能力强，薯蔓上每个节的腋芽，在适宜的条件下都可以萌发出新苗，用长出的新苗栽插同样可以结薯。

在冬季不太寒冷的地区，修建不同形式的加温苗床，加盖塑料薄膜和草帘等保温材料可以进行冬季越冬育苗和越冬保苗，一般是利用大棚加小弓棚进行越冬育苗。具体是在霜降前剪取大田健壮蔓尖（5～6节长），密植在苗床里，行距10厘米，株距7厘米，直插土中，栽后半个月内，床温保持在15～20℃，促其迅速发根成活。越冬期间在大棚内的苗床上再盖小弓棚，小弓棚上盖草帘，确保床温不低于10℃，保证苗不受冻害；在夜晚或雨雪天在小弓棚上盖上草帘，晴天揭开草帘，使其充分见阳光，增加棚内温度。在越冬期间，尽可能使小弓棚内的温度不低于10℃，并注意浇水、施肥。春季回暖后，越冬薯苗开始恢复生长，要求床温提高到20℃以上，并加强肥水管理，促苗早发。在越冬期间要注意适时通风通气、透光和炼苗。成苗后还可剪苗栽插于采苗圃，进一步扩大繁殖系数。这种育苗方式可节省大量种薯，提早栽插，增加繁殖系数，加速良种的繁育。

第三章 甘薯生产与管理

第一节 甘薯科学施肥

本节重点介绍种植甘薯需要什么肥料，如何平衡施肥、做到科学施肥、减少肥料的浪费、提高肥料利用率，同时又教会大家识别真假肥料、避免不必要的损失。

25 甘薯种植施用肥料种类及施肥方法有哪些?

植物正常生长需要的17种必需营养元素分别为碳（C）、氢（H）、氧（O）、氮（N）、磷（P）、钾（K）、钙（Ca）、镁（Mg）、硫（S）、铁（Fe）、锰（Mn）、锌（Zn）、铜（Cu）、钼（Mo）、硼（B）、氯（Cl）和镍（Ni），17种营养元素在土壤中一般都有存在，只是含量有多有少，而甘薯等不同作物对每一种营养元素的需要量也不完全相同。一般来讲，土壤中提供的氮、磷、钾三种元素远远不能满足甘薯生长的需要，所以需要施用较多的氮、磷、钾肥料，氮、磷、钾三要素也称为大量营养元素。由于甘薯生长发育过程中需要的钾素最多，氮素次之，磷素最少，所以通常情况下氮、磷、钾肥施用的数量是钾肥>氮肥>磷肥。

如何选择肥料的品种？建议用氮磷钾三元复合（混）肥，优先推荐使用中氮、低磷、高钾配方的复合（混）肥，单质肥料推荐使用尿素、过磷酸钙、钙镁磷肥、硫酸钾等。磷肥方面，酸性土壤上优先使用钙镁磷肥，因为钙镁磷肥呈碱性，施入土壤后会提高土壤pH，缓解土壤酸化情况；碱性土壤优先使用过磷酸钙，因为过磷酸钙呈酸性，可一定程度降低土壤pH。甘薯为忌氯作物，因此钾肥优先使用硫酸钾，少用氯化钾，尤其是干旱少雨地区不能使用氯化钾，氯化钾中的氯离子可能会对甘薯品质有一定的影响。对于瘠薄土壤或者有条件的地区，可以增施有机肥料，长期施用有机肥一方面可以提升土壤肥力，另一方面可以减少氮磷钾化肥的使用量，促进化肥减量增效及农业绿色发展。

部分土壤除了需要施用大量元素氮磷钾肥外，还需要补充微量元素锌硼肥，中量元素硫肥、钙镁肥等，这主要根据土壤中这些元素的丰缺情况而定。

甘薯施肥方法。一般在翻地或起垄前将甘薯生育期所需肥料一次性均匀撒在地表，然后进行耕翻起垄，这样施肥的优点是肥料在整个地块中分布比较均匀，甘薯藤蔓在生长的过程中须根亦能吸收到较多的养分，促进藤蔓生长并将光合产物转运到薯块。但这样施肥也有一定的缺点，一次性施肥易造成养分的流失，肥料利用效率相对较低，尤其是对于雨水较多地区，同时还会造成面源污染等环境问题。

如何避免肥料的损失、提高肥料的利用效率？一是少用单质肥料、多用复合（混）肥，尤其是新型的缓控释复合肥、增值肥料等；二是有机肥料与无机肥料配合施用，用有机肥料替代部分化学肥料、减少化学肥料的用量；三是改变施肥方法，机械深施肥替代常规的撒施肥，如用起垄施肥一体机在起垄的时候将肥料施到垄中间，既可减少肥料用量又可提高肥料利用率、减少肥料损失及环境污染，或者采用水肥一体化技术设备，将肥料随灌水施入，可以较精准地施用肥料，减少肥料用量，提高肥料利用效率。

在雨水较多地区，可以减少基肥的施用，在封垄前采用追肥的方式将肥料施入，如结合中耕除草施用夹边肥，或者在垄上进行穴施肥，均可达到减少肥料用量、提高肥料利用率的目的。在遇到极端干旱等气候条件且缺少灌水的情况下，可以通过喷施叶面肥补充养分，同时也适当补充水分。

26 甘薯大田生产为什么要减氮、控磷、增钾？

从甘薯全生育期氮、磷、钾养分需求来看，钾＞氮＞磷，氮、磷、钾纯养分的吸收比例平均约为2∶1∶3，但在不同品种、不同土壤条件及不同产量情况下甘薯对氮、磷、钾肥的吸收量及吸收比例也不尽相同，甚至差异很大。根据多点田间试验，分析测定了徐薯22、商薯19、苏薯16、宁紫薯1号、南薯

88等10多个主栽品种的氮、磷、钾养分需求，结果表明生产1000千克鲜甘薯平均吸收氮、磷、钾纯养分3.36千克、1.51千克、4.98千克，吸收氮、磷、钾的比例为2：0.90：2.96。甘薯生产中，土壤本身的氮、磷、钾供应占甘薯一生吸收养分的60%～80%，剩余的20%～40%需要通过施肥来供应，氮、磷、钾肥料的养分利用率是钾肥>氮肥>磷肥，钾肥利用率50%左右，氮肥利用率35%左右，磷肥利用率15%左右，所以，综合考虑土壤、肥料、甘薯品种及产量等因素，一般甘薯大田生产中氮、磷、钾肥的每亩需求量分别为4～8千克、3～6千克、8～12千克。对于一些磷、钾养分极度缺乏的土壤或者目标产量很高的地块则需要增加磷、钾肥用量。

2009—2019年，甘薯大田生产中肥料用量总体呈现增加的趋势。2009年，对四川、安徽、河南、山东等省172个农户的调查结果显示，甘薯大田生产中平均氮、磷、钾肥料总用量为207千克/公顷（折纯），氮、磷、钾的纯养分投入量分别为88.5千克/公顷、60.0千克/公顷、58.5千克/公顷，肥料用量总体偏低，钾肥的投入比例也偏低。2019年的部分调查结果显示，氮、磷、钾肥料总用量已达到360千克/公顷左右，氮、磷、钾的纯养分投入量分别为142.5千克/公顷、105.0千克/公顷、112.5千克/公顷，区域之间差异非常大。10年间单位面积肥料投入总量增加了73.9%，肥料总用量及氮、磷、钾三要素的用量都增加了，氮、磷、钾养分配比也趋于合理，这与近年来甘薯单产增加及生产效益的提高密切相关，也离不开国家甘薯产业技术体系各岗站团队对甘薯新产品、新技术的研发及推广应用。

总体来看，目前甘薯生产中施肥总量接近合理水平，但氮、磷、钾的比例不甚合理，氮肥用量偏高，磷肥用量略高且区域间差异特别大，钾肥用量偏低，因此大田生产中肥料养分管理需要减氮、控磷、增钾。

27 甘薯大田生产如何测土配方施肥？

测土配方施肥是指以土壤测试和肥料田间试验为基础，根据作物需肥规律、土壤供肥性能和肥料效应，在合理施用有机肥料的基础上，提出氮、磷、钾及中微量元素等肥料的施用种类、施肥数量、施肥时期和施用方法。测土配方施肥技术的核心是调节和解决作物需肥与土壤供肥之间的矛盾。同时有针对性地补充作物所需的营养元素，作物缺什么元素就补充什么元素，需要多少补多少，实现各种养分平衡供应，满足作物的需要，达到提高肥料利用率、减少肥料用量、提高作物产量、改善农产品品质、节省劳力、节支增收的目的。

测土配方施肥技术包括测土、配方、配肥、供应、施肥指导五个核心环节，田间试验、土壤测试、配方设计、校正试验、配方加工、示范推广、宣传培训、效果评价、技术创新九项重点内容。

甘薯大田生产如何进行测土配方施肥呢？首先是进行测土和田间试验（图3-1、图3-2），摸清土壤的养分状况、土壤供肥量和主栽甘薯品种的需肥参数、不同肥料品种的养分利用率等，构建施肥模型，为施肥分区和肥料配方提供依据。其次是进行配方设计、验证及生产。肥料配方设计是测土配方施肥工作的核心。通过总结田间试验、土壤养分数据等，划分不同区域施肥分区；同时，根据气候、地貌、土壤、耕作制度等相似性和差异性，结合专家经验，提出不同甘薯品种在该地区的施肥配方。配方确定好以后还需要进行验证试验，验证该配方在实际生产中是否完全适合当地甘薯生产，如需要的话可进行微调。通过验证的配方进行肥料生产加工。最后将配方肥进行推广应用及提供施肥指导。建立测土配方施肥示范区，为农民创建窗口，树立样板，全面展示测土配方施肥技术效果，是推广前要做的工作。推广“一袋子肥”模式，将测土配方施肥技术物化成产品，也有利于打破技术推广“最后一公里”的“坚冰”。农民是测土配方施肥技术的最终使用者，迫切需要向农民传授科学施肥方法和模式；同时还要加强对各级技术人员、肥料生产企业、肥料经销商的系统培训，逐步建立技术人员和肥料经销商持证上岗制度。配方施肥要达到减肥增效、绿色发展的目标最重要的是要得到广大农民的认可。

图 3-1　甘薯田间氮肥试验

图 3-2　甘薯田间钾肥试验

举个简单的例子来说明甘薯大田生产如何配方施肥。某丘陵地块土壤养分状况如下：pH 6.1，有机质10.5克/千克，全氮0.65克/千克，碱解氮40.8毫克/千克，有效磷4.3毫克/千克，速效钾83.5毫克/千克，有效硼0.11毫克/千克。土壤整体肥力较低，尤其是氮、磷处于严重缺乏水平，速效钾处于中等水平；如果种植鲜食型甘薯苏薯16，目标产量52.5吨/公顷，需要吸收的氮、磷、钾纯养分大概为105.0～120.0千克/公顷、67.5～82.5千克/公顷、180.0～195.0千克/公顷，结合甘薯对氮、磷、钾肥不同的利用率，设计复合（混）肥配方N-P_2O_5-K_2O为15-10-20，用量600.0～750.0千克/公顷，一次性作为基肥施用，可基本满足甘薯全生育期对养分的需要，条件允许可增加75.0～150.0千克/公顷的硫酸钾作为基肥或追肥施用。考虑到土壤硼素比较缺乏，可以在配方肥中加入适量的硼素，或者单独施用7.5～15.0千克/公顷的硼砂作为基肥。

丘陵（山区）旱薄地和平原（湖地）高肥力地块如何施肥？

从甘薯的生长习性来看，甘薯具有耐贫瘠、耐干旱的特点，其主要原因是甘薯具有十分丰富的根系，除了主根外，甘薯藤蔓上长有很多的不定根，不定根都具有吸收养分和水分的能力。甘薯对养分和水分的吸收能力强，在较干旱的土壤中具有优势，但在雨水较多或较肥的土壤中因其可能会造成地上部藤蔓旺长却变成了缺点。因此在丘陵（山区）旱薄地和平原（湖地）高肥力地块就要采取不同的施肥策略。

丘陵（山区）旱薄地的共同特点是土层薄、沙性大、结构差，保水保肥性差；主要或完全依靠土壤和自然降雨为甘薯提供水分，施肥不足易缺肥（图3-3）。旱薄地，顾名思义，易旱、肥力低下，因此旱薄地施肥应增加肥料的用量，有条件的情况下增施有机肥、实施秸秆还田，配合施用化肥，化肥的用量适当高于作物对养分的需求，使土壤能不断地积累养分，逐渐提高土壤的肥力。北方地区的丘陵（山区）旱薄地，由于干旱少雨，土壤多偏碱性，施肥时注意选用生理酸性肥料及含有保水剂、腐殖酸等增效剂的新型肥料，能提高肥料的利用效率及促进甘薯生长。在生育中期如果干旱严重，可以通过喷施叶面肥补充营养，能较大程度地缓解根系养分吸收的不足。南方地区的丘陵（山区）旱薄地，由于雨水较多、土壤养分淋溶及径流损失严重，施肥时应选择具有缓释效果的复合肥，以减少养分的损失。也可以少施或不施基肥，在封垄前结合中耕除草施夹边肥，或者在垄上穴施追肥，可提高肥料利用效率、减少肥料损失。同时由于土壤常偏酸性，且钙、镁等盐基离子淋失严重，可选用碱性或生理碱性肥料，如钙镁磷肥等，可缓解土壤的酸化及补充钙、镁离子等。有条件的地区可以安装灌溉设施，采用水肥一体化技术，可有效地提高灌溉水和养分的利用效率，明显增加甘薯产量及提升甘薯品质。

图 3-3　丘陵旱薄地易缺肥

平原（湖地）高肥力地块的主要特点是土壤较肥沃、地块面积一般较大。由于土壤比较肥沃，一般来说要少施肥，结合不同的轮作制度及甘薯的生育期长短调控肥料的施用，施肥过多，易导致旺长（图3-4）。对于只种植一季的春甘薯，由于生育期比较长、甘薯产量高，可以适当增加施肥量。对于甘薯与小麦等轮作的夏甘薯种植，若小麦施肥量较大、土壤本身比较肥沃，甘薯种植时可以少施肥甚至不施肥，因种植小麦往往磷肥施用量较多，甘薯季尤其应少施磷肥。在部分甘薯与烟草、大豆或玉米间套作的高肥力平原地块，甘薯也需要少施肥，具体的肥料用量还要结合轮作制度及土壤肥力的情况而定。平原（湖地）高肥力地块种植甘薯特别需注意保持排水沟及垄沟的通畅，保持田间无渍水，土壤水分含量高加之土壤较肥沃，易引起地上部旺长而不结薯或者多柴根，甚至烂薯，严重影响商品薯产量。

图 3-4　平原肥地旺长

29 甘薯生长期间如何看苗施肥?

什么是看苗施肥?看苗施肥就是根据苗的长势情况判断其是否缺肥、缺什么肥，然后进行追肥，补充养分，促使苗正常生长。

甘薯因其无性繁殖及耐瘠薄、耐旱、耐盐碱等特性而具有广泛的适应性，在我国南至海南，北至东北、新疆阿勒泰地区都有种植。不同地区种植甘薯其生育期差异很大，海南等南方地区一年四季均可种植甘薯，而北方有的地区甘薯适宜生长期只有3～4个月。甘薯如何进行看苗施肥呢?甘薯看苗施肥一般有三个关键时期。一是促苗肥，在甘薯栽后10天左右，看薯苗的长势施用，一般促苗肥都是“捉黄塘”性质，即看到局部薯苗发黄，少量追施速效氮肥，能够使薯苗很快变绿。对于由薯苗本身弱、栽插质量不好等问题引起的少数薯苗长势弱等情况，有针对性地补施少量速效氮肥，使其快速赶上周围壮苗，保持整体苗情基本一致。如果薯苗整体长势弱甚至发黄，说明基肥施用严重不足，主要通过补充速效氮肥，促使苗壮、早发棵（图3-5）。二是壮棵肥，肥一般在封垄前施用，若在封垄前薯苗不壮、迟迟不封垄，则需要施用壮棵肥，促进早结薯、早封垄（图3-6）。壮棵肥一般用氮磷钾较平衡的复混（合）肥，氮钾的比例可适当高些，如氮磷钾配方为17-11-17的复混（合）肥150.0～300.0千克/公顷。福建、广东等地施用的夹边肥、垄上穴施追肥基本属于壮棵肥。三是膨大肥，在薯块快速膨大的中后期，如茎叶出现早衰现象，则需要追施膨大肥（图3-7），膨大肥以钾肥为主、可配施少量氮肥及中微量元素肥料，干旱少雨地区建议喷施叶面肥或施液体裂缝肥，以水带肥，促进肥料的吸收利用。在雨水相对较充裕地区，膨大肥可以用高钾复合肥等直接撒在垄上或根附近，75.0 ～ 150.0千克/公顷即可。

图3-5　苗期缺肥

图3-6　缺肥引起的封垄延迟

图3-7　后期缺肥早衰

近年来，由于甘薯种植效益提升，很多地区种植甘薯时安装了水肥一体化设施，追肥可以随灌水一起进行，极大地提高了肥料、灌溉水的利用效率，节省了劳动力，也大大地方便了看苗施肥。促苗肥、壮棵肥、膨大肥均可通过水肥一体化设施完成。施肥的种类、数量及时间等则需要有较准确的判断，主要是"看苗"，实际生产中一般以依靠经验判断为主。近年来，对甘薯苗情快速诊断技术的研究也有了一定的进展，如通过叶色的快速诊断可以判断是否需要追施氮肥及需施氮肥的数量，通过测定薯叶（叶柄）的钾素含量来判断是否缺钾等。

30 如何识别真假肥料?

俗话说得好："庄稼一枝花，全靠肥当家。"肥料对于农作物的生长和产量影响非常大，是不可替代的。假劣化肥会对农作物造成难以弥补的伤害，使用假劣化肥不仅花冤枉钱还影响收成。鉴定肥料的真伪，主要有以下几种方法。

（1）包装鉴别法。一是检查标识。国家相关部门规定，肥料包装袋上必须注明产品名称、养分含量、等级、净重、标准代号、厂名、厂址等；磷肥应标明生产许可证号；复混肥料应标明生产许可证号和肥料登记证号。商品有机肥、叶面肥、微生物肥等新型肥料要标明肥料登记证号。肥料登记证可以在农业农村部相关网站上查询。如果没有上述标识或标识不完整，则可能是假冒或劣质肥料。

二是检查包装袋封口。对包装袋封口有明显拆封痕迹的肥料要特别注意，这种肥料有可能掺假。

（2）形状、颜色鉴别法。首先看肥料颗粒，好的肥料其粒度和相对密度非常均匀，且大小基本一致，表面非常光滑，不容易结块；其次看肥料颜色，好的肥料颜色基本相同，色差很小。如果化肥大小不一、表面粗糙、色差明显甚至掉色、结块严重，则可能是假化肥，购买千万要慎重。一些掺混肥由几种不同粒径及颜色的颗粒掺混而成，但各种颗粒本身其应保持较好的一致性。常用肥料颜色和颗粒如下：尿素为白色或淡黄色，呈颗粒状、针状或棱柱形结晶体，无粉末或少有粉末；硫酸铵为白色晶体；氯化铵为白色或淡黄色晶体；碳酸氢铵为白色粉末或颗粒状结晶；过磷酸钙为灰白色或浅灰色粉末；重过磷酸钙为深灰色、灰白色颗粒或粉末；硫酸钾为白色晶体或粉末；氯化钾为白色或淡红色颗粒。

（3）气味鉴别法。打开肥料包装袋，如果有怪异、刺鼻的味道，很可能肥料中存在有毒有害物质，购买时要慎重。碳酸氢铵、过磷酸钙除外。碳酸氢铵是有明显刺鼻氨味的颗粒，重过磷酸钙是有酸味的细粉。如果过磷酸钙有很刺鼻的怪酸味，则说明生产过程中很可能使用了废硫酸，这种化肥有很大的毒性，极易损伤或烧死植物，尤其是苗床不能用。需要注意的是，有些化肥虽是真的，但含量很低，如劣质过磷酸钙，有效磷含量低于8%（最低标准应达12%），这些化肥属劣质化肥，肥效差，购买时也要注意。

（4）灼烧法。抓一点化肥，用打火机将化肥颗粒加热或者是灼烧，通过观察火焰颜色、熔融情况、烟味、残留物情况等识别肥料。如果加热后有冒白烟、熔化、散发强烈氨味（含铵的化肥）的情况，说明是优质高浓度肥料。反之，燃烧不了、不熔化，很可能是假化肥。

尿素灼烧后能迅速熔化，冒白烟，投入炭火中能燃烧，或取一玻璃片接触白烟时，能见玻璃片上附有一层白色结晶物。

氯化铵灼烧后直接分解或升华发生大量白烟，有强烈的氨味和酸味，无残留物。

过磷酸钙、钙镁磷肥、磷矿粉等在红木炭上无变化。

硫酸钾、氯化钾、硫酸钾镁等在红木炭上无变化，发出噼啪声。

（5）警惕农资“忽悠团”。近年来，销售假冒伪劣农资产品的农资“忽悠团”屡禁不止，各类媒体也经常报道销售假冒伪劣农资产品造成农民损失的情况，广大农民朋友要引起足够的警惕。主要的忽悠模式有“进厂参观”“洗脑授课”“免费送货上门”“夸大功效”“请吃饭喝酒”等。

防农资“忽悠团”注意事项：一是化肥标识中仅氮、磷、钾含量可以计入总养分；二是一定要看清包装袋上的肥料登记证号、生产许可证号，不要买流动商贩的化肥，尽量从有口碑的固定销售商处购买；三是索要销售凭证，施完后还要留下0.5～1千克的样品，以供日后检验之用；四是警惕假冒品牌、夸大作用，警惕国产肥料仿进口肥料、傍知名品牌、有机肥料仿生物肥料、包装袋上化肥作用被夸大、乱打权威机构认证标签等；五是登录互联网，搜索了解“忽悠团”的行骗伎俩，提高自己的识别能力。

第二节 甘薯机械化生产

本节重点介绍甘薯不同管理环节、不同土壤条件下的常用机械，特别是起垄、栽插、田间管理和收获机械。薯农朋友可以根据自己的种植情况选择合适的机械。

31 甘薯哪些环节实现了机械化生产？

甘薯是劳动密集型块根作物，田间生产过程主要有排种、剪苗、耕整、起垄、移栽浇水、田间管理（中耕、灌溉、植保等）、收获（去蔓、挖掘、捡拾、收集）等环节，根据不同环节的农艺要求可采用不同的生产机械，其中耕整地、灌溉植保田间管理等可多选通用型农业机械，而其他环节则需针对甘薯特点采用改进机具或专用机型。目前我国除排种环节尚未使用机械，其余各环节已基本都有相应的作业机械了，有些已在生产中推广应用，有些已开始试验示范。

（1）发达国家甘薯生产主要机械。发达国家中美国、加拿大、日本的甘薯生产机械研究起步较早，已形成了排种机、剪苗机、起垄机、移栽机、去蔓机、收获机（分段收获机、捡拾联合收获机）等系列产品，甘薯生产机械专用化、系列化程度高，其作业工效是传统人工的数十倍。其中美国、加拿大的机具外形结构庞大，多采用大功率拖拉机牵引，掉头转弯半径较大，机具价格较昂贵，多用于大型农场大规模集约化生产，一般土壤偏沙性，其生产特点和种植农艺与我国甘薯种植特点有一定差别，但作业形式对我国新疆、河南、河北等北方薯区大规模集中连片种植区有一定的参考价值。而日本、韩国多采用小型化的生产机具，较适宜土壤疏松的中小田块作业，但存在部分机具作业效率不高以及对我国土壤、地形、茬口适应性较差等问题，对我国沙壤土区甘薯机械化生产有借鉴意义。

发达国家代表机具主要有美国的斯特里克兰履带有限公司（Strickland）、英国斯安尔公司（Standen）生产的性能先进的甘薯联合收获机，以及分段收获机、收获犁，既有先去蔓再收获的，也有带蔓一次收获的。其一次性联合收获机，带蔓一起收获，由大功率拖拉机牵引，一次收四垄，可完成挖掘、输送、薯蔓分离、清选、自动集薯装箱，作业质量可监控，自动化控制程度高，作业效率高。日本代表机具有小桥株式会社生产的小型较简易的HP61S型挖掘、清土、分拣联合作业机；松山株式会社生产的GH和TP系列联合收获机，可一次完成挖掘、清土、去残秧、分拣、收集等作业；井关农机株式会社生产的可在膜上移栽的PVH1型自走式移栽机等。

（2）我国甘薯生产主要机械。近些年，在市场需求拉动和国家惠农政策推动下，特别是在国家甘薯产业技术体系引领下，在相关科研单位、农机制造企业共同努力下，我国甘薯生产机械化进入了一个新的发展时期，农机农艺技术融合取得初步进展，一批甘薯剪苗、起垄、移栽、中耕施药田间管理、去蔓、收获等新机具研发成功，已开始生产销售或示范推广，剪苗、移栽、联合收获等多款机型从空白到取得重大突破。

目前我国市场甘薯生产机械产品已基本形成了3种主要系列：与微小动力和手扶拖拉机配套的小型作业机械（含起垄、中耕、去蔓、收获机具）；与25～40马力*窄轮距拖拉机配套的中型系列产品（含一次一垄作业的起垄、移栽、中耕、去蔓、收获机具）和与75～110马力大型拖拉机配套的大型系列产品（含一次两垄及以上作业的起垄、覆膜、移栽、中耕、去蔓、收获机具）等，这些系列包含了不同厂家生产的多种单机产品，为我国甘薯生产提供有效技术装备支撑。

我国甘薯生产主要机械制造厂家有南通富来威农业装备有限公司、青岛洪珠农业机械有限公司、郑州山河机械制造有限公司、饶阳薯乐农业机械有限公司、滕州市金曙王绿色食品有限责任公司、费县华源农业装备工贸有限公司、连云港市元帝科技有限公司、无锡华源凯马发动机有限公司、江苏金秆农业装备有限公司等。

（3）使用甘薯生产机械的主要优点。推进使用甘薯生产机械将转变传统的甘薯生产模式，减轻农民劳动强度，大幅减少起垄、栽插、收获等用工量，缓解用工短缺矛盾，有效提高生产效率，增强农户种植积极性，推动甘薯产业向标准化、现代化发展，对提高甘薯种植综合经济效益和实现增收有着重要意义。采用机械收获可减少甘薯收获损失3%以上，还可以有效缩短收获时间，减少不利天气对收获的影响；另外，采用机械作业可减少用工量60%以上，大大减少了用工支出，也可为购机的农机手提供社会服务收益。

32 甘薯丘陵旱地坡地起垄和栽插机械的种类、特点和要求有哪些？

我国丘陵总面积约100万千米^2，丘陵旱地坡地一般有以下特点：海拔500米

---

* 马力为非法定计量单位，1马力≈735.5瓦。——编者注

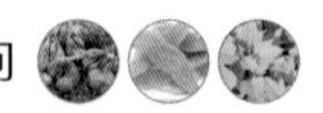

以内，相对高度200米以内，适宜种植的坡度一般较低缓；南方地区降水充沛、土质较黏，北方地区偏干旱、土质疏松；土地规模偏小，田块细碎分散，沟坎错落，影响机具行驶通过。为适应丘陵旱地坡地特点，甘薯起垄和栽插机械主要以小型化、轻型化机械为主。

起垄可扩大通风透光面积，增加昼夜温差，有利于块根的膨大。起垄是甘薯生产中劳动强度较大的环节之一，目前主要采用机械起垄，起垄机械选择应因地制宜。起垄时掌握土壤宁干勿湿的原则，垄芯耕透无漏耕，一般垄距75～85厘米，垄高20～30厘米，要求垄距均匀，垄面平直，面实芯松。丘陵旱地坡地受地形地貌条件限制，多采用单次单垄作业方式。

甘薯一般采用裸苗移栽，移栽是甘薯生产的重要环节，其质量的好坏对甘薯的生长发育、中耕除草、切蔓收获、产量品质等有着重要的影响。现阶段丘陵旱地坡地移栽主要以人工栽插为主，机械移栽设备应用相对较少。

丘陵旱地坡地起垄、栽插机械代表性机型主要有以下几种。

（1）微型甘薯旋耕起垄机。微型甘薯旋耕起垄机（图3-8），以微耕机为动力，加装旋耕机构和培土机构，实现旋耕抛土、成型起垄作业。具有整机重量轻、体积小、转移运输方便的特点，适用于丘陵旱地坡地单垄单行起垄作业，适宜垄距为75～85厘米，起垄高度在25厘米以上，配套动力6～12马力。

a

b

图3-8 微型甘薯旋耕起垄机

a. 微型犁式旋耕起垄机 b. 微型培土式旋耕起垄机

（2）手扶式起垄机、覆膜机。手扶式起垄机（图3-9）、覆膜机（图3-10），即在手扶拖拉机后端加装旋耕起垄部件，完成单行旋耕起垄作业。在偏沙性土壤地区，手扶式起垄机可直接完成旋耕起垄作业，在偏黏性土壤地区，起垄前需进行旋耕碎土作业。通过在手扶拖拉机后端加装覆膜部件，可完成单行覆膜作业。手扶式拖拉机动力常见、结构简单、价格低廉，可通过更换不同作业部件实现不同作业需求。适宜垄距为75 ～ 90厘米，垄高25厘米以上，配套动力15 ～ 18马力。

图 3-9 手扶式起垄机

图 3-10 手扶式覆膜机

（3）悬挂式起垄机。悬挂式起垄机（图3-11）主要适用于丘陵旱地缓坡作业，机具通过三点悬挂，挂接于轮式拖拉机后端，由拖拉机牵引完成单行起垄或旋耕起垄作业。配套动力25 ～ 40马力，作业效率相对较高，适宜垄距为75 ～ 90厘米，垄高25厘米以上。也可在其上加装施肥、铺滴灌带、覆膜部件，完成施肥、铺滴灌带、覆膜作业。滴灌作业需考虑配套水源问题。

a

b

图 3-11 悬挂式起垄机

a. 悬挂犁式起垄机 b. 悬挂刮板式起垄施肥机

（4）轻型乘坐式移栽机。轻型乘坐式移栽机（图3-12）是在简易底盘上加装电瓶或小型汽油机作为动力，实现对垄自走、人工栽插作业的轻型移栽机。机具作业时打孔器先行定株距打孔作业，作业人员按打孔位置通过插苗棒将薯苗栽插入土，机具结构简单、重量轻、体积小、株距标准，可有效减轻劳动强度，便于转移搬运。适宜垄距为75～90厘米，垄高25～35厘米。

图3-12　轻型乘坐式移栽机

（5）自走式移栽机。自走式移栽机（图3-13）通过柔性夹苗、带式送苗、夹取栽插等工序完成栽插作业，作业时人工将苗摆放至苗夹中，苗随输送带同步输送，输送至底部时，取苗机构将苗夹取，继而斜插入土。机具栽插质量相对较好，不但可以实现不覆膜栽插，也可适用于膜上栽插，但其对薯苗直立性要求较高，人工喂苗作业，效率相对较低。适宜垄距75～90厘米，垄高25～35厘米。

图3-13　自走式移栽机

33 甘薯平原（湖地）起垄和栽插机械的种类、特点和要求有哪些？

平原（湖地）地势相对平缓，田块面积较大，规则平整，方便机械作业，甘薯种植规模一般较大，土壤多为沙壤土、砂姜黑土、壤土及黏土。平原（湖地）地区动力以中大型轮式拖拉机为主，一般动力在60马力以上，起垄和栽插以一次一垄或一次多垄作业为主，机械也以与中大型拖拉机配套的复式、联合作业机型为主，作业效率较高。

平原（湖地）地区可根据拖拉机配套动力及功能需求选用甘薯起垄和栽插机械，甘薯起垄机主要以旋耕起垄机、旋耕起垄复式作业机为主，栽插机械主要以链夹式移栽机、链夹式复式移栽机、盘夹式复式移栽机、带式复式移栽机为主，代表性机型主要有以下几种。

（1）旋耕起垄机。平原（湖地）甘薯起垄机主要以悬挂式为主，一般在旋耕机后端配置起垄部件实现旋耕起垄，旋耕起垄可减少机具下地次数，减少作业成本。同时，根据不同的拖拉机动力，可选用单垄单行（图3-14）、大垄双行（图3-15）、多垄多行旋耕起垄机械。适宜垄距75～90厘米，垄高25～35厘米，配套动力60马力以上。

图3-14　单垄单行起垄机

图3-15　大垄双行起垄机

起垄成型器可以根据不同的土壤类型，选用锥辊式起垄机构（图3-16）与刮板式起垄机构（图3-17），偏沙性土壤地区选用刮板式起垄机构，偏黏性土壤地区选用锥辊式起垄机构。适宜垄距75～90厘米，垄高25～35厘米，配套动力70马力以上。

图3-16　锥辊式起垄机构

图3-17　刮板式起垄机构

（2）旋耕起垄复式作业机。旋耕起垄复式作业机主要以悬挂式为主，用户可根据功能需求选用旋耕起垄覆膜机（图3-18）、旋耕起垄覆膜铺滴灌带复式作业机（图3-19）与旋耕起垄施肥施药复式作业机（图3-20）。旋耕起垄复式作业机整机尺寸较大，需考虑田头转弯等问题。覆膜时需将垄侧膜及沟底膜完全覆土，膜覆土不完整可能导致水分蒸发及抑草效果减弱，继而降低覆膜效果。滴灌可有效节约用水与实施水肥一体化，加装滴灌部件时，需考虑水源。

图3-18　旋耕起垄覆膜机

图3-19　旋耕起垄覆膜铺滴灌带复式作业机

旋耕起垄覆膜铺滴灌带复式作业机可一次性完成旋耕、起垄、覆膜、铺滴灌带4道工序，有效减少机具下地次数，节约作业成本，作业后垄体紧实、垄型规整。适宜垄距75～90厘米，垄高25～35厘米，配套动力60马力以上。

图 3-20 旋耕起垄施肥施药复式作业机

旋耕起垄施肥施药复式作业机，可以一次完成旋耕、起垄、施肥、施药4道工序，垄体紧实、平整，精准施肥施药，施量可调、弧状成形、肥药同施、分层明显、抛撒均匀。根据结薯特点，确定肥、药最佳施用位置，肥、药分层施用，肥在下方，药在上方，有效避免肥、药混合而造成肥、药失效，同时可以在结薯位置形成隔离带，有效防治地下害虫，提升甘薯品质及商品性。适宜垄距75～90厘米，垄高25～35厘米，配套动力90马力以上。

（3）链夹式移栽机。链夹式移栽机（图3-21）可实现薯苗直插及斜插作业，适用于沙土及黏土地区。机具作业时驱动地轮通过链条带动苗夹回转，苗夹的开合由苗夹导轨控制，链夹回转摆苗区域时，苗夹打开，人工将苗放置于苗夹，链条驱动苗夹回转，在低位时开夹投苗，实现栽插作业。栽插作业时，可调整苗夹对薯苗的夹取位置实现不同的栽插深度。同时用户也可根据栽插需求在机具上配置水箱，实现栽插同步浇水，受拖拉机载重限制，其配置水量有限。适宜垄距75～90厘米，垄高25～35厘米，配套动力60马力以上。

a　　b

图 3-21 链夹式移栽机

a. 单行链夹式浇水移栽机　b. 双行链夹式浇水移栽机

（4）链夹式复式移栽机。链夹式复式移栽机（图3-22）可实现薯苗直插及斜插作业，适用于沙土及黏土地区。由地轮驱动移栽机作业，可一次性完成两垄的旋耕、起垄、破茬、栽插、修垄5道工序。机具采用特殊的开沟器，立苗率和成活率高，能按照农艺要求实现薯苗的直插、斜插；机具效率高，劳动强度低。适宜垄距75～90厘米，垄高25～35厘米，配套动力90马力以上。

图3-22 链夹式复式移栽机

（5）盘夹式复式移栽机。盘夹式复式移栽机（图3-23）可实现薯苗直插及斜插作业，适用于沙土及黏土地区。机具通过圆盘固定苗夹，由圆盘驱动苗夹回转，实现栽插作业。盘夹式复式移栽机可一次性完成旋耕、起垄、破茬、开沟、栽苗、覆土镇压、垄体整形7道工序，具有株距调节简单、人工放苗区域宽、土壤适应性好、栽植质量高、垄型规整、可靠性好、结构简洁的特点。其配置单向棘轮棘爪机构，保证盘夹正向作业、反向空转，有效避免了倒车不当时造成苗夹损坏。适宜垄距75～90厘米，垄高25～35厘米，配套动力70马力以上。

图3-23 盘夹式复式移栽机

（6）带式复式移栽机。带式复式移栽机（图3-24）可实现薯苗斜插及水平栽插作业，适用于沙土及轻黏土地区。机具采用定位定距摆苗、柔性夹持、全程受控、开沟定深、低位投苗、垫土露梢、螺旋覆土、镇压固苗等关键技术，可以一次完成旋耕、起垄、破茬、开沟、移栽、覆土、镇压7道工序，结构简洁、摆苗区域广、株距可调、深度可调、作业精准，对甘薯适应性好，栽植质量高，作业效率较人工有明显提高，减轻劳动强度，减少劳动力投入，降低甘薯种植成本。适宜垄距75～90厘米，垄高25～35厘米，配套动力90马力以上。

图3-24　带式复式移栽机

34 甘薯丘陵旱地坡地田间管理和收获机械的种类、特点和要求有哪些？

丘陵旱地坡地在我国甘薯主要种植区都有分布，尤以长江中下游薯区和南方薯区居多，北方薯区主要分布在山东的鲁东和鲁中地区。我国丘陵旱地坡地的主要特点是田块小、落差大、顺坡短、运输不便，田地坡度较大，田块相对碎小且形状不规则，机具作业掉头转弯较频繁，田间机耕转运道路建设差。而且丘陵旱地坡地的种植土壤类型较多，主要有沙壤土、沙石土、壤土、黏土等，而以壤土、黏土居多，黏土破碎难度大、耗功较多，且易伤薯。

为适应丘陵旱地坡地特点，其机具要求整机重量轻，通过性好，行走转移方便，动力储备足，操作更换方便。故而该地使用的甘薯作业机具多以微耕机、手扶拖拉机、中小型四轮拖拉机配套的作业机械为主，以一次一垄和单一作业功能为主，复式作业功能的设备较少。丘陵旱地坡地小动力机具的全程配套较差，目前我国还没有微耕机、手扶拖拉机配套的移栽设备，中耕设备相对较少。

甘薯丘陵旱地坡地田间管理和收获机械代表性机型主要有以下几种。

（1）田间管理机械。丘陵旱地坡地甘薯田间管理生产机械主要是用于完成灌溉、施药施肥作业。由于地形限制，其配套的中耕除草机械极少，一般借用微耕机配套的单行小型玉米中耕机，灌溉、施药施肥机具可选用生产上通用型机具。灌溉可采用微喷带、移动运水车等设施设备进行喷灌作业。随着无人植保飞机技术日益成熟，采用无人植保飞机（图3-25）喷施除草剂、中期施药施肥逐渐成为一种高效作业的新选择，而且受地形限制相对较少。

图3-25　无人植保飞机施肥施药

（2）微小型碎蔓、收获机械。步行式薯蔓粉碎还田机（图3-26）适用于丘陵坡地、育种小区等小田块收获前薯蔓粉碎作业，具有重量轻、体积小、操作方便等特点，其配套动力在12马力左右，适宜80～90厘米垄距作业，一次一垄。此外，由于该机重量较轻，亦能在雨后不久的潮湿田间作业，不易下陷。将微耕机行走轮换上水田轮，在其后端安装挖掘收获犁，就成为微耕机配收获犁了（图3-27），爬坡过坎、掉头转弯较为方便，但在偏黏土壤作业时挖深较浅，容易伤薯，且劳动强度非常大。

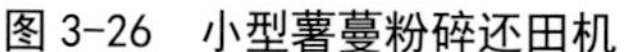

图 3-26　小型薯蔓粉碎还田机

图 3-27　微耕机配收获犁

（3）手扶拖拉机配收获机。丘陵旱地坡地手扶拖拉机保有量较大，在偏沙性土壤区选择小型升运链收获机与之配套（图3-28），亦有一定市场，适合80～90厘米垄距作业，配套动力在15～18马力。

图 3-28　手扶配套收获机

（4）中小四轮配套作业机械。随着国家退耕还林、土地流转制度和丘陵山区农田宜机化改造的不断推进，不少丘陵旱地坡地种植田地下移、碎小田块整合成较大地块、适度规模种植发展、机耕道路建设明显改善，为实现机械化作业创造了有利条件，部分地区已可以采用中小型四轮拖拉机甚至中大功率配套的机具作业，但一些较重的碎蔓、收获机依然较少，这些机具的选择可参照湖地种植区相关机具的选择要点。推荐几款机具：与25～40马力配套的多功能挖掘收获犁（图3-29），更换不同组件可实现起垄或挖掘收获，带垄顶残蔓剪切的挖掘收获犁（图3-30），作业顺畅性较好。这些挖掘犁重量轻、体积小，便于运输和转弯掉头，在沙壤土、壤土地区均具有较强的适应性，且收获时甘薯破皮较少，是丘陵旱地坡地种植区鲜食型甘薯收获较为理想的机具。

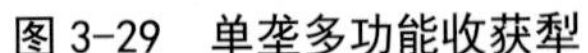
图 3-29　单垄多功能收获犁

图 3-30　单垄带剪蔓收获犁

35 甘薯平原（湖地）田间管理和收获机械的种类、特点和要求有哪些?

平原（湖地）一般是指地势相对平缓的平原地区，其地形以平原坝区、缓坡地居多，田块面积较大，且田块较为规则平整，一般能实现成片种植，种植土壤多为沙壤土、砂姜黑土、壤土、黏土。平原（湖地）地区动力以中大型四轮拖拉机居多，其甘薯生产机械一般多与25～40马力窄轮距拖拉机、75～110马力大型拖拉机配套，以一次一垄作业或一次多垄作业为主，机具也以复式功能和中大型为主，作业效率相对较高，耕、种、收全程匹配性较好。

平原（湖地）地区甘薯田间管理和收获机械主要以田间灌溉、中耕除草、施肥施药、碎蔓还田、挖掘收获机械为主，代表性机型主要有以下几种。

（1）田间管理机械。平原（湖地）甘薯生产田间管理主要为灌溉、中耕除草、施药施肥。其灌溉、施药施肥机具可选用生产上通用型机具，而中耕机具应选专用型机具。

根据实际干旱情况、生产条件、种植面积可选择滴灌系统浇水、微喷带喷灌作业、移动运水车浇水、支点固定旋转式喷灌机、平移式大型喷灌机等设施设备进行作业。

甘薯在栽植前及生长中需要进行喷施除草剂或施药、施叶面肥作业，可选用机动喷雾器、喷杆式喷雾机等喷药，也可采用无人植保飞机进行施药施肥作业。

为了达到抗旱保墒、疏松土壤、提高地力及去除杂草等目的，平原（湖地）地区可选用与中、大马力拖拉机配套的单行中耕除草机（图3-31）或双行中耕除草机（图3-32）作业，单行或双行中耕除草机作业时拖拉机后轮距、中耕犁幅宽与种植垄尺寸要配套一致，否则易伤垄、伤薯秧。

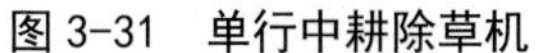

图 3-31　单行中耕除草机

图 3-32　双行中耕除草机

（2）去蔓收获机械。 我国甘薯机械收获模式主要有分段收获和两段式联合收获两类。分段收获是指使用多台机械分别在田间完成割蔓、挖掘、清土、清选、集薯等作业的收获方法，两段式联合收获则是由两台机器分别完成割蔓和挖掘收获作业，目前在我国藤蔓割除基本采用藤蔓粉碎还田方式。

目前在平原（湖地）甘薯收获作业中以分段收获为主，即由碎蔓机和分段收获机分别完成碎蔓、挖掘作业，然后人工拾薯装袋，而两段式联合收获还在试验示范中。

目前南通富来威农业装备有限公司、青岛洪珠农业机械有限公司、郑州山河机械制造有限公司、连云港市元帝科技有限公司等研发的甘薯碎蔓机都采用悬挂式作业（图3-33），适合在平原（湖地）规模化种植区使用。

a

b

图 3-33　悬挂式薯蔓粉碎还田机

a. 单行薯蔓粉碎还田机　b. 双行薯蔓粉碎还田机

分段式挖掘收获机械主要有犁式挖掘收获机和杆条升运链收获机，在平原（湖地）甘薯种植区大多采用杆条升运链收获机（图3-34）进行作业，该类机具一般以杆条输送链为主要工作部件，可实现薯块挖掘、输送、清土、铺放等作业，薯土分离较好，作业明薯率、效率都较高。但针对黏重土壤亦可采用图3-29、图3-30所示的挖掘收获犁作业。

a

b

图3-34 杆条升运链收获机

a. 单行窄幅杆条升运链收获机 b. 双行等宽杆条升运链收获机

随着研究的不断深入，我国在甘薯联合收获机方面也取得了突破，国家甘薯产业技术体系创制了一款自走式甘薯联合收获机（图3-35），可一次完成挖掘、输送、清土、去残蔓、清选、集薯作业，且能实现一机多用，可兼收马铃薯等，目前正在试验示范中，能够满足中大田块薯类收获集成度高的需求。

图3-35 自走式甘薯联合收获机

第三节　甘薯高效栽培

本节重点介绍甘薯不同薯区主要栽培模式、不同类型品种如何实现高效栽培以及生产过程中的栽培管理措施，指导薯农科学高效种植甘薯。

甘薯栽培区域及其特点有哪些？

甘薯在我国种植的范围很广，南起海南，北至黑龙江，西至四川西部山区和云贵高原，从北纬18°到北纬48°，从海拔几米至几十米的沿海平原，再到海拔2000多米的云贵高原，均有分布。以气候条件与栽培制度为主要依据，同时参考地形、土壤等条件，一般将我国甘薯栽培区域划分为5个区域，包括北方春薯区、黄河流域春夏薯区、长江流域夏薯区、南方夏秋薯区、南方秋冬薯区。经多年摸索与实践，不同区域逐步形成各具特点的甘薯栽培模式。

（1）北方春薯区。本区跨越华北、东北和西北，包括辽宁、吉林、北京，黑龙江中南部，河北保定以北，陕西秦岭以北至榆林，山西、宁夏的南部和甘肃东南地区。多分布于旱地平原或丘陵山区，属温带大陆性气候。夏短冬长，秋季凉爽，昼夜温差大，辐射量高，日照充足。栽培制度为一年一熟，以春薯为主，夏薯主要用于繁种。典型栽培模式包括“一水一膜”节水高效栽培、“膜下滴灌”节水节肥高效栽培等。主要特点为：土壤与气候条件理想，水肥利用效率高，病虫害相对较少，以生产淀粉型甘薯为主，产量高；鲜食型甘薯品质优、种植效益高，种植规模逐步提升。

（2）黄河流域春夏薯区。本区地处黄淮平原，包括山东，山西南部，江苏、安徽、河南的淮河以北，陕西秦岭以南，以及甘肃武都等地区。属暖温带半湿润季风气候，夏季高温多雨，秋季凉爽，昼夜温差大。本区主要栽培制度为二年三熟制（薯—麦—薯），生产春薯或夏薯。近年，随着甘薯效益提升，冬季休耕养地，一年一熟（春薯）、一年两熟也占有一定比例。典型栽培模式包括“膜下滴灌”节水节肥高效栽培、旱垣垄膜蓄水栽培、地膜覆盖高效栽培、间（套）作高效栽培等。主要特点为：规模化发展，种植早，发育快，机械化程度高，产量稳定，鲜食型甘薯商品薯率高，倒茬轮作减少病害及肥药成本，实现节水节肥、提质增效。

（3）长江流域夏薯区。本区指青海以外的整个长江流域，包括江苏、安徽、河南的淮河以南，陕西的南端，湖北、浙江，贵州、四川的大部分地区，湖南、江西、云南的北部。这一地区的属亚热带季风气候，雨量较多且不均，辐射与日照量相对低。甘薯多分布于丘陵山地，土层浅、肥力弱。本区甘薯栽培制度主要是麦—薯两熟制，也有一年一熟春薯和绿肥—夏薯制、麦—玉—薯三熟制。典型栽培模式包括无公害甘薯高效栽培、大垄双行高效栽培、一年两季甘薯高效栽培、间（套）作高效栽培等。主要特点为：种植期提前，水肥管理精细，机械化程度高，绿色高效生产技术成熟。

（4）南方夏秋薯区和南方秋冬薯区。包括福建、广东、广西、海南、台湾以及江西、湖南、云南与贵州的南部等。属副热带季风或热带季风气候，全年无霜期超300天，平均气温20℃以上，年均降水量1500毫米以上，适宜甘薯种植。甘薯多分布于红壤或赤红壤地区。本区甘薯栽培制度主要是稻—薯两熟制、稻—薯—薯三熟制、薯—薯两熟制或薯—薯—薯三熟制。典型栽培模式包括高垄双行高效栽培、一年两（三）季甘薯高效栽培、地膜覆盖高效栽培等。主要特点为：鲜食型甘薯规模化种植，错季上市，经济效益高，机械化程度较高，病虫害防控措施严密。

37 淀粉型品种高效栽培注意哪些要点？

淀粉型甘薯主要用于淀粉、粉丝或粉条加工，以春薯种植为主，4月底或5月初开始栽插，少部分为麦茬甘薯，6月中旬栽插。其栽培技术要点如下。

（1）选择品种。选择鲜薯产量高、烘干率高的淀粉型甘薯品种，主栽品种有徐薯22、商薯19、济薯25、苏薯24等。

（2）培育壮苗（图3-36）。

① **种薯处理。**选择脱毒种薯，排种前用25%多菌灵可湿性粉剂400倍液浸种10分钟，或用70%甲基硫菌灵可湿性粉剂400倍液浸种10分钟。

② **苗床地选择。**选在背风向阳、排水良好、土层深厚、土壤肥沃、靠近

水源、管理方便的生茬地或3年以上未种甘薯的地块。

③ 施肥。育苗床在排种前应施足基肥，施用腐熟的羊粪或猪粪30吨/公顷，硫酸铵（N含量21%）450.0千克/公顷，过磷酸钙（P_2O_5含量≥18%）300.0千克/公顷，硫酸钾（K_2O含量50%）300.0千克/公顷。

④ 苗床排种。2月下旬或3月上旬采用“大棚+小拱棚+地膜”模式，开始排种育苗，排种时大小薯分开，薯种平排，头尾方向一致，种薯间留一定的空隙。排种后覆土2～3厘米，详见第21问。

⑤ 管理要点。苗床前期主要是高温催芽，中期平稳长苗，催炼结合，后期低温炼苗，以炼为主，培育壮苗，苗床浇水控水交替进行。

图3-36　培育壮苗

（3）施肥起垄。

① 施足基肥与适量农药。调查产地土壤养分状况，起垄前按照氮∶磷∶钾=2∶1∶3，基肥（扦插前）∶追肥（膨大期）=7∶3，平衡配方施肥。一般基肥量为150.0千克/公顷氮、75.0千克/公顷磷、225.0千克/公顷钾。用辛硫磷预防地下害虫，旋耕混合后起垄（详见第27问）。

② 机械起垄。采用机械起垄，单垄垄距80～90厘米，大垄双行160厘米，垄高30厘米（图3-37）。起垄后及时在田块四周挖好外围沟，田间挖好腰沟，以利排涝（详见第32问）。

③ 除草剂封闭。起垄后及时对薯垄喷施异丙草胺进行封闭，防止杂草生长。使用50%异丙草胺乳油150.0毫升/公顷，用水900千克/公顷，针对土壤干、墒情差的情况应增加用水量。

图3-37　大垄双行起垄

（4）田间种植。

① 适时早栽。北方薯区4月底或5月初开始栽插。有条件地区采用膜下滴灌模式，实现早生根、早发育膨大。

② 合理密植。种植60000株/公顷左右。薯苗斜插入土，栽插时只留顶部3片展开叶，其余部分连同叶片全部埋入土中。

（5）田间管理。

① 查苗补苗。栽后一周进行查苗，发现缺苗立即补栽。

② 清沟理墒。及时做好清沟理墒工作，确保雨后田间无积水。

③ 中耕除草。栽苗后一周，进行1次中耕，至封垄前再中耕1次，结合中耕进行除草和培垄（图3-38）。

图3-38　机械中耕除草

④ **控制旺长。**封垄期地上部分有徒长迹象时，可用多效唑喷雾控制。

⑤ **及时收获。**10月下旬开始收获，霜降前收获完毕。收获时选晴天上午收刨，机械切蔓、破垄，人工捡拾。种薯经过田间晾晒，当天下午即可分装入窖。收获时轻刨、轻装、轻运、轻卸，多用塑料周转箱或筐装运，防止破伤。

（6）种薯贮藏。贮藏前，贮藏窖清扫消毒，可采用高锰酸钾与甲醛混合进行熏蒸，或喷洒多菌灵杀灭病菌。对贮藏的薯块进行严格的筛选，剔除带病、破伤、受水浸、受冻害的薯块。贮藏量占贮藏窖空间的2/3。贮藏窖温度保持在10～15℃，相对湿度保持在85%～90%。

鲜食型品种如何提高商品性和种植效益？

甘薯品种优劣与种苗好坏，密切关系到甘薯产量与质量。优质甘薯新品种的推广应用，是鲜食型甘薯产业化体系建设的前提条件。将育种与引种相结合，繁育、推广优良甘薯新品种，将极大改善甘薯的产量和品质。高档次鲜薯生产和常规淀粉用甘薯的生产方式完全不同。

（1）重视品种选择。目前比较适用的品种有烟薯25、普薯32、济薯26、广薯87、徐薯32、徐紫薯8号、心香等（详见第9、11问）。以徐紫薯8号为例，该品种薯块萌芽性好，出苗多且整齐；顶端无茸毛；茎蔓中长、较细，多分枝；叶片深缺刻，顶叶黄绿色带紫边，成年叶为绿色，叶脉为浅紫色，茎蔓为绿色带紫斑；薯块纺锤形，紫皮紫肉，结薯集中且整齐，单株结薯3～4个，大中薯率高，商品性好；熟食口感较好；较耐贮藏。

（2）建立优质甘薯种苗繁育基地。种苗繁育基地是保障甘薯纯度、提升甘薯种苗质量、防止病虫侵害的重要途径。甘薯要实现产业化、规模化生产，先要实现种苗繁育专业化。建立甘薯种苗专业化繁育基地可以从源头抓起，提高种苗的良种率，生产无病虫健康种苗，为甘薯的产业化发展提供基础性保障。

（3）提升生产管理标准。栽培技术的提升、病虫害的防治等可以提高商品薯的种植效益。建立适合当地的甘薯配套种植管理技术体系。根据甘薯生长特点，推广大垄双行、地膜覆盖、合理密植、平衡施肥和病虫害防控等技术，以生产绿色、优质、高产甘薯产品为目的，推动当地甘薯实现机械化、规模化和标准化生产。要选择土质疏松、透气性好、排水方便、没有病害的田块；防治地下害虫，建议使用白僵菌等生物药剂或物理防治方法，严禁使用国家已经明令禁止使用的农药；多施用有机肥和生物菌肥。最后分级销售。收获后分级分装售卖，是提高高档鲜食甘薯效益的重要手段。无论是采用机械化收获还是人工收获，收获时都要用钙塑瓦楞箱或内衬软布的塑料周转箱，慎用网袋装薯，在田间轻拿轻放，减少破皮，大小分开装箱。

（4）迷你甘薯生产。目前市场上的迷你甘薯是典型鲜食甘薯的一种。迷你甘薯是指用特定品种在特殊栽培条件下收获的单薯重量在50～150克的食用甘薯。迷你甘薯要求薯块均匀、外形美观、品质优良、营养价值高，非常满足现代消费者的需求。迷你甘薯的生产过程如下。

① 合理密植。为了提高迷你甘薯的商品率，剪取5～7节的顶芽苗，水平栽插，入土节位3～4个；栽插密度75000株/公顷以上，单垄栽种，垄距80厘米，垄高25厘米，株距12厘米左右。

② 合理施肥。中等偏低肥力的土壤施尿素控制在150.0千克/公顷左右（前作是大豆，可以不施氮肥），腐殖酸有机肥750.0～1125.0千克/公顷，钙镁磷肥300.0千克/公顷和硫酸钾150.0千克/公顷；早熟品种如心香70～80天可以开始收获，80天生长期产量在7.5吨/公顷以上，150克以下的薯块比例可以达到90%以上，随着生长期的延长，鲜薯产量可以达到30吨/公顷。为了提高迷你甘薯效益，销售时要根据薯块大小和形状进一步分级，把大小和形状一致的薯块放在一起，其中50克左右的薯块最适合宾馆、饭店，100克左右的薯块可以用网袋装成1千克/袋，供给超市销售。

39 菜用甘薯栽培模式有哪些?

菜用甘薯栽培模式主要有以下几种。

（1）露天畦栽。起畦前要求施足基肥，精细平整，尽量做到土层细碎疏松。一般畦宽度为1～1.2米，便于采收，畦长根据地块长度及排水需要决定，沟深25厘米，沟宽30厘米，腰沟、畦沟等排水沟要畅通。菜用甘薯栽插全部采用直立栽插，剪取薯苗长度控制在15～20厘米，去掉多余叶片，按照株行距20厘米×20厘米、20厘米×30厘米进行栽插，栽插密度大约为160000～240000株/公顷，栽插后及时浇水，小水浇透。栽插后15～20天，需要及时打顶促分枝，在高温高湿季节需要及时浇水，每5～7天采摘一次，根据植株长势情况，及时施肥，并且防控好病虫害，防治措施主要为物理方法或生物防治方法。限制因素是露天栽培要求最低气温稳定在15℃以上才能进行栽插，北方地区可以在5月中旬左右种植，适宜采摘期3～4个月。

（2）保护地大垄双行种植。温室大棚起南北垄，简易大棚起东西垄，垄距90厘米，垄高30厘米，垄面宽40厘米，垄面要平整，垄沟要直，方便采摘、灌水及排涝。起垄后立即进行覆膜，提升地温。江苏温室大棚菜用甘薯可以3月底至4月初进行种植，简易大棚在4月中下旬种植，垄上栽插2行，行距为25厘米，株距为20厘米，两行植株相互交错呈三角形，薯苗直栽，栽后浇足定苗水，栽插密度约为110000株/公顷。该方法的优点是采摘时间提前，整个采摘期延长到10月底，能够有效地提高茎尖产量及销售收入。

（3）营养液栽培。需要配套专门的支撑架及管道，利用水泵使得营养液能够在管道中循环流动，甘薯苗通过海绵固定在孔洞中，水培设施配置定时开关，保证营养液定时循环流动，给植株补充营养和水分。采用营养液栽培，茎尖产量、叶绿素含量、可溶性糖含量均得到明显提高，硝态氮含量较低，几乎没有病虫害发生，这种栽培方法既能保证茎尖高产，又能保证茎叶品质，非常适宜屋顶及阳台种植。

（4）立体基质栽培。将购买的栽培基质和生物菌肥，按照10∶1的比例混匀，装入泡沫盒或者塑料盒，将其放置于立体支架上，两边为台阶型，最高处距离地面120厘米，在栽培盒铺设滴灌管，用于水肥一体化管理。只要环境温度适宜，可以周年进行立体基质栽培，并且采摘方便，适宜露地、温室、楼顶及阳台栽培。

（5）轮作栽培。提前进行育苗、繁苗，充分利用不同作物种植茬口，及时移栽，合理进行轮作。轮作栽培不仅有利于改善菜用甘薯种植小环境，提高菜用甘薯品质，还有利于充分利用土地资源，提高单位面积产值和效益。比如麦—薯轮作，小白菜—春甜玉米/菜薯/秋甜玉米轮作，设施西瓜—菜薯—秋辣椒轮作。

（6）套种栽培。充分利用种植行距较宽的作物，套种菜用甘薯，给菜用甘薯造成适当遮阴，实现不同作物立体种植，减少杂草生长，不仅充分利用空

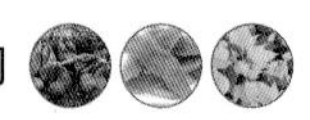

间，节约土地资源，而且提高了土地利用率和单位面积的经济效益。常见套种栽培模式有木薯和菜薯套种，春苦瓜和菜薯套种。

甘薯什么时间栽插比较好？

甘薯性喜温，不耐寒，适宜栽培于夏季平均气温22℃以上、年平均气温10℃以上、全生育期有效积温3000℃以上、无霜期不短于120天的地区。温度很大程度上限制甘薯的地区分布，是决定甘薯能否成功栽培的重要因素之一。薯苗栽插后在气温为18℃以上条件下才能发根，温度过高（超过28℃）不利于幼苗成活，需浇足水，宜采用留三叶方式栽插；茎叶生长在气温低于10℃时基本停滞，连续暴露在低于5℃条件下甘薯受冷害，甚至死亡（图3-39）。因此，早期栽插应覆地膜预防幼苗受冻害。块根膨大适温在22～25℃之间，较高温度利于甘薯块根形成。

a

b

图3-39　薯苗受冻

a. 苗床受冻　b. 栽插后受冻

甘薯属喜光的短日照作物，光合强度和效率与甘薯生长和块根形成有密切的关系。甘薯茎叶吸收利用光能的时间长、效率高，一般茎叶生长期越长，块根积累养分就越多。日照充足、气温和地温高、温差较大时，对糖类的合成、运转、贮存都有利。经一定时期的短日照影响后，如每天光照8小时左右，能促进开花。日照时间延长至12～13小时，促进块根形成和加速光合产物运转。

甘薯栽插覆不同的膜各有什么特点？

甘薯覆盖地膜栽插可起到提高地温、保持土壤水分、防止土壤板结和减轻杂草危害、促进甘薯生长、保肥控草的作用。覆膜能通过扩大全生育期叶片进行光合作用的面积和时间，增加光合物质的积累量和转移量，达到增产效果。在冀东地区采用地膜甘薯栽培技术，可比露地甘薯增产30%～40%，产量可达到45吨/公顷。覆膜不仅能提高甘薯的产量，还能保持垄内土壤全氮、碱解氮、有效磷、速效钾的含量。但也有覆盖地膜带来减产的情况，这些情况主要发生在春季特别干旱的地区，覆膜时如果土壤太干也容易造成甘薯前期得不到充足的水分，需要在栽插时浇足水。另外，如果采用全覆盖覆膜，土壤能够得到的雨水少，大部分雨水流失，也会造成人为干旱，但一般不会造成严重影响。

地膜覆盖栽培常见于北方春薯区。从4月中旬起，根据劳动力和薯苗生长情况，可抢时早栽。一般选择阴雨天或晴天傍晚栽插，用锋利的刀具在栽插处划破地膜，将薯苗栽插入土5～6厘米，浇水后用细土封住地膜破口处。采用覆膜措施可以将春薯的栽插期提前10～15天，达到早栽早收、提高产量、改善薯块外观品质、提高种植效益的目的。

不同地膜对垄内温度、T/R值（地上部鲜重与地下部鲜重的比值）和甘薯产量都有影响。地膜覆盖能增加垄内温度，白膜增温效果高于黑膜。甘薯生长前期白膜、黑膜覆盖T/R值明显高于对照。甘薯生长中前期，白膜、黑膜处理T/R值快速下降。黑膜处理对T/R值的影响大于白膜处理。地膜覆盖可提高甘薯大中薯率，且黑膜覆盖处理的大中薯率最高，白膜覆盖处理次之。在四川丘陵地区以西成薯007为材料的试验结果显示，覆膜处理能促进甘薯茎蔓的增粗和伸长，提高叶面积指数，获得更高甘薯藤叶产量；两种覆盖方式均能显著提高甘薯的鲜薯产量和薯干产量，黑膜覆盖处理的茎叶和鲜薯产量最高，白膜覆盖处理的薯干产量最高。白膜覆盖可以促进甘薯早期的产量形成，黑膜覆盖能促进中后期的产量形成。黑膜覆盖可以有效抑制杂草的萌发和生长。

42 甘薯采用膜下滴灌栽培的优点及技术要点有哪些？

甘薯膜下滴灌技术是指把滴水器铺于地表，农膜覆盖于其上，将覆膜种植技术与滴灌技术相结合的一种高效节水灌溉技术（图3-40）。膜下滴灌栽培一方面可以节约用水，另一方面又不使土壤板结降温，有利于块根膨大。采用膜下滴灌，除了作物根部湿润外，其他地方始终保持干旱，因而大大减少了地面蒸发；灌水均匀，滴灌系统能够做到有效地控制每个灌水器的出水流量，因而滴灌均匀度高，一般可达80%～90%。滴灌是网状供水，操作方便，而且便于自动控制，因而可明显节省劳力。因为滴灌是局部灌溉，大部分地表保持干旱，减少杂草生长，降低除草用工，同时可减少病虫害的发生。

图3-40　甘薯大田滴灌系统

北方旱作区膜下滴灌需要控制好滴灌时期。一是栽苗时要灌足水，薯苗与土壤接触坚实，利于根的分化和生长；二是块根膨大始期（一般为栽后30～35天），根据土壤墒情灌足水，利于甘薯膨大和薯形的形成；三是其他生长阶段根据具体墒情灌水，甘薯生长后期封垄后，可以减少土壤水分的蒸发，正常年份后期基本上可以不灌水，依靠自然降雨即可。甘薯耐旱，北方薯区应避免过度灌水，否则适得其反，造成甘薯地上茎蔓徒长，影响光合产物的转运和积累，从而降低鲜薯产量。

如何确定甘薯种植的垄（行）距和株距?

甘薯起垄栽培能够增加土壤与空气接触面积，加大昼夜温差，有利于甘薯块根的膨大。起垄时尽量使垄的宽度和高度保持一致，宽窄高低不均匀会直接影响种植密度，导致株数、单株薯数和单株薯重三个构成产量的关键因素不协调；同时垄距不均匀容易带来排水不畅，不方便田间管理机械行走等问题。目前，常见的垄栽模式有3种：单垄，垄距70～90厘米，适合小型机械化（小地块、丘陵地、坝地或坡地）或大型机械化（平原地或丘陵大地块）生产；大垄双行（图3-41），垄距160厘米，适合大型机械化生产；高垄双行，垄距110～120厘米，适合鲜食型甘薯膜下滴灌的高密度栽培。生产中，春薯生长期长，可适当降低株距来增加密度，提高产量；北方薯区淀粉型品种一般栽插株距20～25厘米，栽插密度45000～52500株/公顷，鲜食型品种一般栽插株距20厘米左右，栽插密度60000株/公顷左右；夏薯株距一般在20～25厘米。不同品种生长特性不同，栽插密度会有差异，短蔓品种可以适当提高栽插密度。长三角地区可以通过提高密度控制薯块大小，提高商品薯率。

图3-41　大垄双行生产

甘薯如何栽插浇水返苗快?

甘薯的叶面积比较大，蒸腾作用强，正常条件下需要大量的水分供其进行生理调节，特别是在春季干旱条件下需水量更多。在晴朗高温天气，新栽插的薯苗缺水，茎尖易呈现萎蔫状态，返苗期推迟，严重时造成薯苗枯死。因此，在晴朗高温天气进行薯苗栽插一定要浇足水。

在甘薯栽插时，可以采用留三叶水平栽插法，具体为先刨坑，后浇足水，再插苗，保持埋入土中的节间呈水平状，然后待水分渗完后埋土，将顶部三张叶片留在地面上，其他叶片埋入土中，埋入湿土中的叶片不仅不失水，还可从土壤中吸收水分，同时减少蒸腾，提高成活率，保证茎尖能够尽快返青生长。

为什么栽插前后灌沟或大雨后栽插会造成返苗慢?

有些薯农为了节约工时采取栽插前后灌沟或大雨后栽插，这种方法虽然可保证较高的成活率，但往往造成长时间薯苗生长不旺，这是由于栽插前后灌沟土壤呈现水分饱和状态，土壤温度偏低，土壤板结，土壤中氧气含量减少；而雨后栽插更容易破坏土壤结构，造成土壤黏重，黏土地更加明显，从而妨碍根系的生长，返苗慢，生长延迟，甚至造成僵苗不发。如果在栽插前后灌沟或大雨后栽插，返苗后可通过1～2次中耕培土，部分改善土壤透气性，促进根系生长。

甘薯间作套种模式有哪些?

甘薯与其他作物进行间作、套种，可以充分利用空间、时间、光能和地力，增加复种指数，起到提高总产或调剂粮食种类的作用；同时还可以缓和农忙季节劳动力不足的矛盾，提高经济效益。目前生产上常用的间作套种方式有以下几种。

（1）甘薯间作花生。间作方式有两种，一是沟间间作花生，二是隔沟间作花生（图3-42）。

图 3-42　甘薯间作花生

（2）甘薯间作玉米。主要以黄淮、长江流域薯区为主（图3-43）。甘薯间作玉米，玉米要选用矮秆、高产、早熟、抗倒的品种，甘薯要选耐阴、高产、结薯早且膨大快的品种。甘薯间作玉米，一般仅能起到调剂粮食种类的作用，若改善间作地的栽培条件，则略有增产。

图 3-43　甘薯间作玉米

（3）小麦套种夏甘薯。小麦套种甘薯是河南等省甘薯产区推行的一种形式。它最大的优点是把麦后的夏薯提前到春季栽插，延长甘薯生育期，从而显著提高鲜薯产量。

（4）甘薯套种马铃薯。马铃薯植株较小，生育期又短，共生期相互影响不大，且对温度要求不高，因此可比甘薯早播30天左右，能充分利用甘薯封垄前的空间和地力，实现增产。

（5）春薯套种大豆、花生（或绿肥）。主要以东南沿海旱作区为主。春薯栽插前，先在薯垄两侧种大豆、花生或绿肥作物，然后再种甘薯；套种的绿肥，以后翻埋做甘薯夹边肥，这是贯彻用地与养地相结合的好方法。

（6）晚稻套种冬薯。广东省东部和台湾都有在晚稻田里套种冬薯的习惯。如果割晚稻后再种甘薯，往往因为气温低，冬薯生长缓慢，结薯迟，产量低。

若把冬薯套种在晚稻行间，在冬前就能形成薯块，可显著增产。

甘薯是良好的间作套种作物，没有明显的生育期，栽插和收获时间不像其他作物那样严格。间作套种可提高土地利用率，使作物复合群体增加对阳光的截获与吸收，两种作物间作还可产生互补作用，有一定的边行优势。间作套种时不同作物之间也常存在着对阳光、水分、养分的激烈竞争。对高矮不一、生育期长短参差不齐的作物进行合理搭配和在田间配置宽窄不等的种植行距，能够提高间作套种的生产效果。

 甘薯栽培方式及各自特点有哪些?

当前，薯苗栽插是甘薯大田生产上的主流方式。一方面，薯苗携带病虫害的风险小，栽后发根快、还苗早，苗全、苗齐和苗旺，利于田间管理和实现甘薯高产，另一方面，各地根据生长环境条件与市场需求，可通过改变薯苗栽插方式和栽插时间调节结薯多少、大小及产量高低等。以下介绍几种主要栽插方式。

（1）水平栽插法。水平栽插法要求薯苗要长，25厘米以上的薯苗使用此法较适宜（图3-44）。入土各节水平扦插在3厘米深的浅土层内，其优点是结薯条件基本一致，各节基本都能生根结薯，空节很少。缺点是覆土浅，薯苗抗旱性能较差，如遇干旱、高温、土壤贫瘠、暴雨冲刷等不良环境条件，则保苗比较困难，易出现缺株或小株，影响整体产量品质。目前，许多鲜食型商品薯高产田成功应用这种栽插方法，在田间管理上进行技术改进，结合膜下滴灌技术，结薯数多而均匀，获得高产。

图3-44　水平栽插法

（2）斜插法。斜插法薯苗入土节位的分布介于水平栽插与垂直栽插之间，单株结薯个数比水平栽插稍少，而比垂直栽插多，上层节位结薯较大，下层节位结薯较小甚至不结薯。生产上一般通过增加栽插密度提高单位面积块根产量。斜插法优点是操作容易，薯苗耐旱、抗风、早成活等，适宜短苗栽插，缺点是结薯数量偏少。目前斜插法是全国各地大田最常用的栽插方法。

（3）船底形栽插法。船底形栽插法选用20～25厘米的薯苗，将苗的中部节间压入土中3～5厘米，让首尾两头翘起如船底（图3-45）。苗的基部可浅埋土层，沙地深些，黏土地浅些。船底形栽插法适于土质肥沃、土层深厚、水肥条件好的地块。由于入土节位多，且多数节位接近土表，有利于结薯，具备水平栽插法和斜插法的优点。缺点是入土较深的节位如果管理不当，易造成结薯少而小，甚至空节。

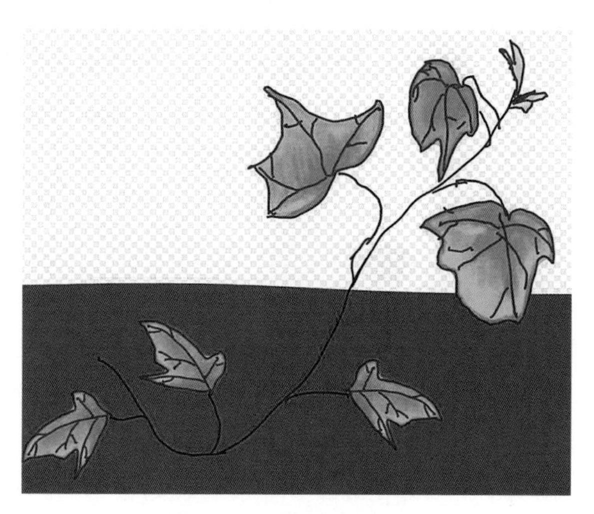

图3-45　船底形栽插法

（4）垂直栽插法。垂直栽插法操作简便，入土深，多用短苗直插土中，入土2～4个节位（图3-46）。垂直栽插法能利用土壤深层水分，因此，耐旱性强，栽后返苗快，适于丘陵坡地、干旱瘠薄的地块采用。直插法入土深，只有少数节位分布在适于结薯的表土层，使表土层薯块膨大快，大薯率高。该法适于生长期短、早熟性好的甘薯品种，缺点是结薯数量少，需要适当提高甘薯栽插密度来提高产量。

图 3-46 垂直栽插法

（5）压藤栽插法。压藤栽插法类似水平栽插法，将去顶的薯苗全部埋在土中，而薯叶露出地表，栽好后用土压实后浇水。该法优点是由于栽插前去薯苗顶芽，破坏了顶端优势，促进腋芽早发，节间萌芽形成分枝，生根结薯，茎叶较多，结薯数量多，且不易徒长。缺点是抗旱性能差，费工，目前仅限于小面积试验示范。

（6）机械化栽插法。主要栽插形式是直栽和斜插，采用链夹型或吊杯式移栽机，通过人工将薯苗放入特制钳夹或栽插器内，转动到最低点，张开钳夹或栽插器，薯苗插入土层，后由覆土轮进行覆土压实，完成栽插过程。薯苗移栽机械化与标准化是实现甘薯全程机械化的重要标志。移栽机械需求迫切，但基础薄弱，现阶段栽插机械多从其他作物借鉴而来，不能很好地适应甘薯栽插，易带出苗、机器轮子压垄伤垄，栽插质量不高，不利于甘薯后期块根膨大。

48 甘薯高产栽培有哪些措施?

甘薯高产栽培措施主要体现在三个方面：优良的品种、配套的技术以及适宜的土壤条件。品种一般要求具有耐病能力强、丰产稳产性好、养分利用效率高等特征；配套技术包括选用健康种苗、加强病虫害防控、平衡施肥等；而适宜的土壤条件也是重要因素之一。

传统观点认为，甘薯适应能力很强，对土壤的要求不太严格。但要获得高产、稳产，栽培时应选择沟渠配套、排灌方便、地下水位较低，耕层深厚，土壤结构疏松、透气性好，土壤肥沃、富含有机质，蓄水、保肥能力好的中性或微酸性沙壤土或壤土地块，并要求不带病虫害，以无污染的平原高亢地区、丘陵岗地或山坡地为首选。在疏松而氧气充足的土壤里，甘薯幼苗根系生长快，扎得深，吸水、吸肥能力强；幼根初生形成层活动旺盛，容易形成块根；同时，块根在膨大过程中受到的机械阻力小，易形成大薯，分配至地上部的养分相对较少，能适当抑制茎叶生长，且薯形规则、薯皮光滑。对于不符合上述条件的土壤要积极创造条件改良土壤，进行培肥地力、保墒防渍、深耕垄作等。

深耕是改善土壤结构与透气性的重要手段，能加厚活土层，使土壤耕层疏松，透气性增加，促进养分上下交流，打破犁底层，根系能够伸展到土层深处，吸收更多养分，同时打破犁底层后上下层水分交流顺畅，抗旱能力提高，也有利于降渍。另外，深层土所含有害物质如除草剂、控旺剂、缩二脲等少，能够使甘薯根系规避这些有害残留，保证正常生长。2018—2019年，江苏徐淮地区徐州农业科学研究所（江苏徐州甘薯研究中心）利用单柱式深松机起垄前进行局部深松，深松间隔40厘米，与薯苗栽插行距保持一致，深松深度50厘米，在作业中加施基肥，结果表明，与耕深为15～20厘米的浅耕相比，深耕可使甘薯增产10%左右，甘薯商品性提高30%以上。因此，适当深翻使土壤有较长时间的风化过程，促进土壤养分的释放，有条件的可以采用深松机，2～3年对耕地进行一次全面或局部深松整理（图3-47）。

图3-47 土壤深松

为什么薯垄及植株间距离要尽量均匀?

起垄栽培是实现甘薯高产的重要手段，甘薯机械化是标准化生产的重要途径。起垄时垄体宽度和高度保持一致，有利于甘薯种植密度、植株生长等协调一致，有利于田间管理以及后期切蔓、收获等机械操作。同样，植株间距离也要尽量保持一致，株间距大小不一直接影响单株长势。株间距大时植株获得的营养和阳光较多，植株生长快，虽然单株产量略高，但容易使相邻植株造成空株，单位面积产量下降；株间距小的弱势植株可能得不到充分的阳光及养分，长势弱，块根产量低，干物质积累少，品质差。薯苗间距均匀可为每个植株提供平等的竞争机会，有利于整体平衡生长、结薯大小均匀，不仅达到高产目的，而且会显著提高商品薯率。

甘薯大垄双行种植有哪些优势?

基于农机与农艺完美结合的目的，全国各地的甘薯种植大户一般都配有大型拖拉机，为充分利用动力平台，要有适合大型拖拉机的作业模式。根据轮胎宽度、底盘高度等制定了大垄双行栽培模式，即大垄的垄距和拖拉机轮距相同，一般在150～160厘米，垄高30厘米左右，顶部分成两小垄，小垄垄距在60厘米，由于垄体高度可达到30厘米，远高于普通垄体的10～20厘米，透气性好，有利于排水降渍和高产栽培。甘薯大垄双行种植已逐渐在生产中被采用，尤其在水肥条件良好、土质较松的平地上，有一定的优越性。平地大垄双行密植比小垄单行密植和大垄单行密植增产的主要原因为大垄双行株距放大后，薯苗分布比较合理，叶面积略有扩大，干物质积累相应增加。

甘薯大垄双行种植除了具有提高甘薯产量的优势外，还有开发成熟的配套机械，可节省田间劳动力。在起垄后拖拉机仍可进地，在封垄前可完成栽插、中耕、培土、除草、施肥、施药等，后期可完成切蔓（图3-48）、收获（图3-49）工作，一机多用。从提高效率考虑，仍采用旋耕起垄。考虑到一机多用，现在设计应用的专用起垄机采用分离式旋耕刀轴，在起垄时是一个完整的刀轴，旋耕刀分布与普通旋耕机相同，所有配件通用性强，便于各地维修。目前批量生产的起垄机可和国内60～90马力拖拉机配套，起垄效率可达到0.4公顷/时，一次成型，质量高。在栽插后20天至封垄前，往往杂草生长迅速，垄体也由于雨水冲刷等下降很多，此时需要中耕除草培土。在设计起垄机时考虑将起垄与中耕结合起来，即将起垄机中部刀轴去掉，避免刀轴损伤薯苗，两侧传动箱只对大垄沟底及垄坡进行旋耕，再结合培土铲，可将沟深加大10厘米，垄顶小沟不旋耕，用培土铲冲沟除草。由于中耕需要动力小，作业轻松，每小时可处理4000米^{2}左右，比人工工效提高80～160倍。机械化除草培土可提高栽培质量，免施除草剂，降低除草剂危害风险，是未来有机甘薯栽培的首选方式。在甘薯收获时，采用大垄双行的特点是垄体高，收获前一般还有30厘米高度，能够涵盖绝大部分结薯范围，大型收获机铲土刀只需沿沟底铲土即可，不需要向下挖掘，能够大幅减少铲土量，作业轻松，行走顺畅，不容易出现故障。目前配套开发的收获机主要是链条升运式，幅宽115厘米，可完全满足需要，一般收获速度4000米^2/时左右。

图3-48　大垄双行切蔓

图3-49　大垄双行收获

大垄双行机械化栽培模式和过去黄淮地区常用的高垄双行有本质区别，高垄双行是基于人工起垄收获，一般垄距110厘米，顶部平坦，顶宽30～40厘米，栽插两行，现有机械均无法作业，目前只有小面积纯人工种植时采用，大面积种植因无法进行机械操作而很少采用。而大垄双行栽培模式创建的目的是充分利用大型拖拉机，以最高效的方式在面积比较大的地块上进行作业，适合平原地区大面积甘薯种植。由于拖拉机轮距与垄距相同，起垄后至封垄前拖拉机仍可进地，这是主要的创新点。拖拉机成为作业平台，通过不同配置可完成大部分田间工作，达到农机与农艺完美结合，将成为未来大面积甘薯种植的首选模式。由于采用高动力拖拉机，田间作业速度快，效果要远超其他模式，能够抢抓农时，目前除剪苗、栽插、收获后捡拾外，其他方面均可用机械完成，单台机械平均作业速度可达4000米^2/时，种植面积30公顷左右只需配备一套机械。由于使用大型拖拉机，田间两头必须留出足够的距离供转弯调头，一般每端需留出4米的缓冲区，地身较短的田块不宜采用此法。可以通过以与大田薯垄方向垂直的方向起垄，栽插早熟品种，或是平作种植低杆早熟作物，充分利用缓冲区，在大田收获前提前收获。

51 甘薯生长中后期田间管理需要注意哪些问题？

甘薯大田生长过程分为发根结薯期、蔓薯并长期和薯块旺盛期。

蔓薯并长期是生长的中期，具体时间为春薯栽后60～90天，夏薯栽后50～90天，秋薯栽后50～90天。生长中心虽然是茎叶，但薯块膨大也快。茎叶迅速生长，全生长期鲜重的60%（或以上）都是在本期形成的。分枝增长很快，有些分枝蔓长超过主蔓。叶片和茎蔓同时增长，栽后90天前后功能叶片数达到最高值。黄叶数逐步累加，其后与新生绿叶生死交替，枯死分枝也随之出现，黄落叶最多时几乎相当于功能叶片的数量。茎叶生长速度下降时叶柄渐轻，这也是块根膨大加快的标志。蔓薯并长期甘薯吸收营养物质速度快、数量多，是甘薯需要营养物质的重要时期。如果供应充足，就能促进茎叶生长，增加结薯数和加快块根膨大。中期管理的重心是确保茎叶正常生长，促进块根尽早形成。主要措施有：适当追肥。对基肥充足，长势较好且已封垄的地块，追肥以钾肥为主，追施硫酸钾150.0千克/公顷左右；长势较差的田块可追施尿素75.0～150.0千克/公顷。对于出现旺长迹象的田块，封垄后每公顷用15%多效唑可湿性粉剂1125.0克兑水750.0千克进行叶面喷施，一般化控2～3次效果最好。这一时期也是耗水最多的时期，一般占总耗水量的40%～45%。这时的供水状况一方面对个体与群体光合面积的增长动态起制约作用，另一方面又影响茎叶生长与块根养分积累的协调关系。如果这时供水不足，首先是蔓叶生长减弱，达不到足够的光合面积，不能充分利用光能。同时，地上部的光合能力也因缺水而削弱，导致光合产物的合成和积累减少。如果土壤水分过多，结合高温多肥，往往引起茎叶徒长，带来有机养分分配上的失调，降低块根产量。这个时期的土壤水分含量保持在土壤最大持水量的70%～80%为宜。多雨季节要及时清沟理墒，达到田内无积水。

薯块旺盛期是甘薯生长后期，此时生长中心转为薯块。春薯的薯块盛长期在栽后90～160天；夏薯在栽后90～130天，秋薯在栽后90～130天。这期间茎叶生长渐慢，继而停止生长。茎叶中光合产物迅速而大量地向块根转运，枯枝落叶多，最后茎叶鲜重明显下降。这期间块根重量增长快，块根内干物质含量不断提高，直到达到该品种的最高峰，这期间积累的干物质约为总干重的70%～80%。该时期较之前的耗水量减少，一般占总耗水量的30%～35%。土壤水分以保持在最大持水量的60%左右为宜。后期管理以保护茎叶，促进甘薯块根膨大为主，重点防治斜纹夜蛾、甘薯天蛾、卷叶螟等，特别要防治甘薯天蛾，一般用1.8%阿维菌素乳油2000倍液，或2%甲氨基阿维菌素苯甲酸盐乳油2000倍液喷雾防治。

第四节　甘薯绿色防控

本节重点介绍我国甘薯种植区主要地上和地下害虫及其综合防治措施，甘薯主要病害及其综合防治措施，特别是重点介绍甘薯病虫害绿色防控措施，为甘薯绿色高效生产提供技术支撑。

52 为什么水旱轮作有益于甘薯生产？

甘薯为旱地作物，连续种植会造成一定的连作障碍。造成甘薯连作障碍的主要原因是土传病虫害的发生，如根腐病、茎线虫病、蛴螬等，容易造成薯块裂皮，表皮变黑，商品性降低，改种在新地或水旱轮作的田块则很少出现这些症状。水旱轮作时长时间浸泡可将上年度旱田的病、虫、草杀灭，将其危害程度降低，同时促进下层土壤养分进入耕作层，起到对土壤养分进行重新分配的作用，尤其是磷、钾元素能够得到更好的利用。因此，水旱轮作生产的薯块光滑、产量高、品质好。

53 甘薯为什么要剪苗栽插？

种薯可能携带病菌和茎线虫，薯块萌芽后薯块中携带的病原物也缓慢向薯芽顶部移动，拔苗容易将薯苗基部的病原物带入田间，造成病害加剧。由于病原物移动速度低于薯芽生长速度，病原物大部分滞留在基部附近，上部薯苗带病的可能性比较小，因此，剪苗时基部最好保留3厘米以上。剪苗栽插在很大程度上避免了薯苗携带病菌。

54 甘薯地下害虫及其主要危害症状有哪些？

甘薯地下害虫主要有蛴螬、甘薯蚁象、金针虫、小地老虎等。被蛴螬咬食的薯块有大而浅的孔洞。甘薯蚁象主要在我国南方薯区发生，可使薯块变黑发臭，薯块不能食用。被金针虫咬食的薯块有小而深的孔洞。被小地老虎咬食的薯块顶部有凹凸不平的疤痕。

（1）蛴螬。蛴螬为鞘翅目（Coleoptera）金龟总科（Scarabaeoidea）幼虫的统称，成虫通称为金龟子（图3-50），在全国各地广泛分布，危害多种作物，尤其对甘薯等根茎类作物危害最重。北方薯区主要种类有华北大黑鳃金龟（*Holotrichia oblita*）、暗黑鳃金龟（*H. parallela*）和铜绿丽金龟（*Anomala corpulenta*）等；南方薯区主要种类有大绿异丽金龟（*A. virens*），其成虫虫体近椭圆形，略扁，前翅为鞘翅，高度角质化，坚硬。华北大黑鳃金龟成虫体长16～22毫米，黑色或黑褐色，具光泽。暗黑鳃金龟成虫体长17～22毫米，体宽9～11.5毫米，黑色或黑褐色，无光泽。铜绿丽金龟成虫体长19～21毫米，具金属光泽，背面铜绿色；幼虫肥大，体壁较柔软多皱，体表疏生细毛，多为黄褐色；幼虫腹部末节圆形，向腹面弯曲，全体呈C形。华北大黑鳃金龟幼虫前顶毛每侧3根；暗黑鳃金龟幼虫前顶毛每侧1根；鳃金龟幼虫肛门孔呈三射裂缝状；铜绿丽金龟幼虫前顶毛每侧6～8根，肛门孔呈横裂状。蛴螬成虫危害植株地上部叶片，造成叶片缺痕，幼虫危害地下茎部，严重危害时造成幼苗折断，幼虫啃食薯块可造成孔洞状疤痕，“虫眼”较深，边缘较为规则（图3-51）。

图3-50　蛴螬成虫

图3-51 蛴螬危害症状（王容燕　提供）

（2）甘薯蚁象。甘薯蚁象成虫形似蚂蚁（图3-52），雄虫体长5.0～7.7毫米，雌虫为4.8～7.9毫米。甘薯蚁象初羽化时呈乳白色，后变褐色，最后为蓝黑色。甘薯蚁象全身除触角末节、前胸和足呈橘红色或红褐色外，其余均为蓝黑色，具金属光泽，其头部向前延伸如象鼻。甘薯蚁象幼虫近长筒形（图3-53），两端小，背面隆起稍向腹侧弯曲。头部淡褐色，胸腹部乳白色，体表疏生白色细毛；足退化，成熟幼虫体长7～8毫米。成虫啃食甘薯的嫩芽梢、茎蔓与叶柄的皮层，被成虫啃食过的茎蔓呈现白色规则斑点，幼虫啃食块根后在薯块表面呈现许多小孔，严重影响甘薯的质量。幼虫钻蛀匿居于块根或薯蔓内取食危害，形成蛀道，蛀道内充满虫粪，可助长病菌侵染，使组织腐烂霉坏，变黑发臭，人畜不能食用。

图3-52　甘薯蚁象成虫

图3-53　甘薯蚁象幼虫（王容燕　提供）

（3）金针虫。金针虫成虫体长8～9毫米或14～18毫米，因种类而异

（图3-54）。体黑或黑褐色，头部生有1对触角，胸部着生3对细长的足，前胸腹板具1个突起，可纳入中胸腹板的沟穴中。头部能上下活动，似叩头状，故俗称“叩头虫”。幼虫虫体细长，25～30毫米，金黄或茶褐色，并有光泽，故名“金针虫”（图3-55）。金针虫幼虫生活于土壤中，主要危害甘薯块根，形成圆形、细小而深的针孔状“虫眼”（图3-56）。对作物生物量影响较小，主要影响薯块外观而降低其商品价值。

图3-54　金针虫成虫

图3-55　金针虫幼虫

图3-56　金针虫危害症状

（王容燕　提供）

（4）小地老虎。小地老虎成虫体长17～23毫米、翅展40～54毫米，虫体暗褐色。前翅褐色，具肾形斑、环形斑和剑形斑，各斑均环以黑边（图3-57）。在肾形斑外，内横线里有1个明显尖端向外的楔形黑斑，在亚缘线内侧有2个尖端向内的楔形黑斑，3个楔形斑尖端相对，这是识别小地老虎成虫的主要特征。后翅灰白色，纵脉及缘线褐色，腹部背面灰色。幼虫圆筒形，老熟幼虫体长37～47毫米。体色较深，体灰褐至暗褐色，体表粗糙，分布大小不一而彼此分离的颗粒，背线、亚背线及气门线均呈黑褐色；前胸背板暗褐色，黄褐色臀板上具两条明显的深褐色纵带；腹部1～8节背面各节上均有4个毛片，后两个比前两个大1倍以上。小地老虎主要在甘薯生长前期危害，在幼嫩薯苗基部将薯苗咬断（图3-58）。

图3-57　小地老虎成虫（陈书龙　提供）

图3-58　小地老虎幼虫（王容燕　提供）

55　如何防治甘薯地下害虫?

（1）蛴螬防治技术。

① 农业措施。清除田间、田埂以及地边等生长的杂草，以减少幼虫、成虫的生存繁殖场所，破坏它们的生存条件。在秋季或初冬深翻土壤可减少害虫越冬基数。水旱轮作或尽量避免与大豆和花生轮作，有利于减轻蛴螬的危害。

② 物理防治。充分利用金龟子的趋光性，每2～3公顷设置频振式杀虫灯一盏，或每0.5公顷设置黑光灯一盏，可有效诱杀成虫。

③ 生物防治。绿僵菌的孢子萌发可穿透蛴螬体壁，利用害虫体内的营养物质进行生长发育，最终导致害虫死亡，每亩施用每克2亿孢子的绿僵菌颗粒剂2～6千克对蛴螬具有一定防控效果。

④ 化学防治。在栽插时沟施或穴施3%辛硫磷颗粒剂90.0～120.0千克/公顷；此外，在金龟子出土盛期，于傍晚喷施10%高效氯氟氰菊酯可湿性粉剂2000倍液防治华北大黑鳃金龟、暗黑鳃金龟和铜绿丽金龟成虫。

（2）甘薯蚁象防治技术。

① 加强植物检疫。植物检疫是防止甘薯蚁象传播蔓延的重要手段。由于甘薯蚁象迁飞能力有限，因此禁止从疫区调运种薯与薯苗是防止甘薯蚁象蔓延的重要措施。

② 采取农业措施。一是清洁田园。收获时把遗留在田间的所有受害薯与蔓及时清理，并集中处理，可大大减少虫口基数，减轻虫害发生。二是轮作与间作。甘薯蚁象主要危害旋花科植物，寄主范围较窄，成虫迁移能力不强，因此，因地制宜地与花生、玉米、高粱、大豆等作物进行轮作，可抑制该虫的发生。在具有灌溉条件的地区实行水旱轮作，效果更为显著。三是适时中耕培土。中耕松土，可避免土壤水分散失，防止土壤龟裂，培土还可防止薯块外露，此措施适宜沙性较强土壤，而对一些含有大量石块且较黏重的土壤效果较差。四是适时早收。甘薯生长后期是甘薯蚁象严重影响甘薯产量与品质的重要时期，因此，在不影响作物产量的前提下，尽可能提早收获，可大大减少甘薯蚁象对甘薯的危害。

③ 化学防治。一是苗床用药。每平方米苗床在种薯上均匀撒施10%二嗪磷颗粒剂3～5克，覆土，可有效控制早春甘薯蚁象的危害。二是秧苗用药。50%二嗪磷乳油浸秧15分钟，使薯苗充分吸收药剂（浸秧时间不宜过长，以免出现药害）。通过药剂浸秧，可杀死薯苗内部的害虫，同时对于控制甘薯蚁象的前期危害也有一定的作用。三是穴施内吸性杀虫剂。如对甘薯薯苗不进行浸秧处理，还可考虑在栽插时土壤施用颗粒剂，施用10%二嗪磷颗粒剂15.0～22.5千克/公顷或施用5%吡虫啉颗粒剂22.5～30.0千克/公顷。穴施杀虫剂可通过植株吸收药剂对取食茎蔓或薯块的甘薯蚁象起到一定防治作用。四是生长期间用药。在甘薯蚁象发生初期或薯蔓封垄前，将毒土撒施在地表，通过药剂触杀可杀死在地表活动的成虫。用10%二嗪磷颗粒剂22.5～30.0千克/公顷撒施在植株周围，尽量不要把药剂撒在叶片上；如遇到干旱季节，还可通过对甘薯灌根施用50%二嗪磷乳油1000～1500倍液控制甘薯蚁象，降低其危害。

④ 性诱剂诱捕。每公顷放置30～45个诱芯，间隔15～18米，每2个月换1次诱芯，春冬诱捕时把诱捕器直接埋于土中，诱捕器上口露出地面5厘米；在甘薯生长期将诱捕器上口高出薯蔓平面10厘米，这样便于信息素散发。该方法省工、防效好、无残毒、无污染。但是性诱剂不能直接控制雌成虫及幼虫的危害。如要达到持续控制其危害的目的，需在利用性诱剂诱捕的基础上，结合虫情，适时使用化学药剂防治，可从根本上控制甘薯蚁象的危害。

⑤ **生物防治。** 将白僵菌制剂拌细沙制成菌土，均匀撒施于薯田内。日本学者研究发现，在性诱剂诱捕器的底部留有开口，并施入白僵菌粉剂，甘薯蚁象雄虫在进入诱捕器后，可与白僵菌接触，并由诱捕器的底部开口逃离诱捕器，甘薯蚁象雄虫在接触白僵菌后受到白僵菌的侵染，并在与雌虫交配时将白僵菌传染给雌虫，也可在一定程度上控制甘薯蚁象。

（3）金针虫防治技术。

① **农业防治。** 冬季深翻，可直接杀死部分蛹或幼虫，也可把土壤深处的蛹或幼虫翻至地表，使其遭受不良环境或天敌的侵袭，以降低金针虫的虫口密度。及时清除杂草，减少其食物来源，也可有效降低其虫口数量。

② **物理防治。** 利用金针虫的趋光性，在田间地头设置杀虫灯，诱杀成虫，试验证明黑绿单管双光灯对金针虫诱杀效果更为理想。

③ **化学防治。** 在每公顷田间堆放8～10厘米厚的略萎蔫的鲜草750堆，撒布5%敌百虫粉剂22.5千克可诱杀该虫。在栽秧时沟施或穴施3%辛硫磷颗粒剂90～120千克/公顷。此外，日本以及欧美国家广泛应用性信息素诱杀防治金针虫，可获得理想的防控效果。

（4）小地老虎综合防治技术。

① **农业防治。** 杂草丛生地块是小地老虎产卵的主要场所，清除杂草对防治小地老虎有一定效果，早春清除农田及周边杂草是防止小地老虎产卵的关键环节。深秋或初冬深耕翻土细耙不仅能直接杀灭部分越冬的蛹或幼虫，也可将蛹或幼虫暴露于地表，降低其存活率，或使其遭天敌昆虫捕食。针对小地老虎的栖息地结合农事操作进行灌溉，也可有效降低其虫口密度。

② **物理防治。** 在小地老虎盛发期，用糖醋液诱杀成虫，按糖：醋：酒：水（体积比）为3：4：1：2的比例，再加1份菊酯类杀虫剂调匀配成诱液，将诱液放在盆里，傍晚置于田间，位置距地面1米左右。利用小地老虎成虫的趋光性，在田间安装频振式杀虫灯，每盏灯可控制2公顷左右的范围。

③ **化学防治。** 针对不同龄期的幼虫，应采用不同的施药方法。幼虫3龄前用喷雾、喷粉或撒毒土的方式进行防治；3龄后，田间出现断苗，可用毒饵或毒草诱杀。喷雾可选用200克/升氯虫苯甲酰胺悬浮剂10～20克/公顷，50%辛硫磷乳油750毫升/公顷，40%氯氰菊酯乳油300～450毫升/公顷。毒土或毒沙可选用2.5%溴氰菊酯乳油90～100毫升或50%辛硫磷乳油500毫升加水适量，喷拌细土50千克配成毒土，300～375千克/公顷顺垄撒施于秧苗根际

附近。一般虫龄较大可采用毒饵诱杀，可选用90%晶体敌百虫0.5千克或50%辛硫磷乳油500毫升，加水2.5～5升，喷在50千克碾碎炒香的豆饼或麦麸上，傍晚时在受害作物田间每隔一定距离撒一小堆，或在作物根际附近围施75千克/公顷。毒草可用90%晶体敌百虫0.5千克，与砸碎的鲜草75～100千克拌匀，撒施225～300千克/公顷。

56 甘薯地上害虫及其主要危害症状有哪些？

甘薯地上害虫主要有甘薯麦蛾、甘薯天蛾、斜纹夜蛾、烟粉虱、蚜虫、叶螨等。

（1）甘薯麦蛾。甘薯麦蛾成虫身体灰褐色（图3-59），体长4～8毫米，头腹部深褐色，触角细长，丝状；前翅狭长，深褐色，近中室中部和端部各有1条淡黄色眼状斑纹，前小后大，斑纹外部灰白色，内部深褐色且中间有1个深褐色小点，翅外缘有5～7个成排的小黑点。幼虫共有6个龄期，体细长，末龄幼虫长1.5厘米，头稍扁，黑褐色（图3-60）。中胸至第二腹节背面黑色，第三腹节以后各节底色为乳白色，亚背线黑色。1龄幼虫在嫩叶背面啃食叶肉，仅留表皮，叶片不卷曲，幼虫具吐丝下坠习性。2龄幼虫开始吐丝并将小部分叶片卷起来，然后在卷叶中取食叶片，3龄后各龄幼虫食量增大，卷叶亦扩大，一叶食尽后又转移至其他叶片，并排泄粪便于卷叶之内。幼虫遇到惊扰即跳跃逃逸或吐丝下垂，或以迅速倒退躲避等方式逃逸。幼虫密度大时，大量叶肉被啃食，仅留下灰褐色表皮，远观呈火烧状团块。

图3-59　甘薯麦蛾成虫（陈书龙　提供）

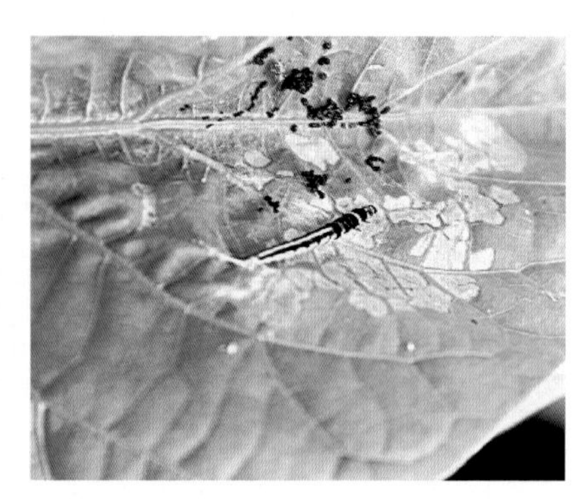

图3-60　甘薯麦蛾幼虫（孙厚俊　提供）

（2）甘薯天蛾。甘薯天蛾成虫体长43～52毫米，体翅暗灰色，腹部背面灰色，两侧各节有白、红、黑色横带3条。前翅内、中、外横线各为双条黑褐色波状线，顶角有黑色斜纹。初孵幼虫虫体为浅黄色，取食后体色为绿色。1～3龄幼虫体色为绿色，4龄幼虫的体色变化最多，有绿色型、多种黑色斑纹的黑色条纹型（图3-61），5龄幼虫体色可分为三大类，即绿色型、黑色条纹型和褐色型，各体色幼虫主要特征如下：①绿色型。头黄绿色；胸腹部明显为绿色，腹部1～8节，各节的侧面有黄褐色斜纹一条，气门杏黄色；尾角杏黄色，末端为黑色。②黑色条纹型。头黄褐色；腹部有明显的黑色斜纹；气门黄色；多数尾角末端为黑色。③褐色型。体色褐色，胸腹部有浅色的条纹，但不明显；尾角为黑色。通过幼虫取食叶片造成危害（图3-62）。幼虫食量大，取食叶片呈缺刻状，严重危害时可将甘薯叶片食光，植株成为光蔓。

图3-61　甘薯天蛾幼虫

图3-62　甘薯天蛾危害症状（孙厚俊　提供）

（3）斜纹夜蛾。斜纹夜蛾成虫体长14～27毫米，翅面有较复杂的褐色斑纹，翅面上有一个明显的环状纹和肾状纹，在两纹之间，从内横线前端至外横线后端有3条灰白色斜纹，成虫静止时两前翅的斜纹呈脊型（图3-63）。幼虫共分6个龄期，体色多变，通常为浅褐色至黑棕色，体线明显，背线、亚背线及气门下线均呈黄色至黄褐色，从中胸至第九腹节，沿亚背线上缘每腹节两侧各有三角形黑斑1对，其中腹部第一、七、八腹节斑纹最大，近似菱形（图3-64）。末龄幼虫行动缓慢，活动力较差，胸足近似黑色，腹足多为黑褐色。幼虫具有假死性和避光习性，白天多潜伏在地表和土缝中，傍晚至凌晨爬到植株上取食危害。初孵化的1～2龄小幼虫集聚在叶片背部，取食叶肉，取食后的叶片呈网窗状，仅留下叶片表皮和叶脉。从3龄开始，斜纹夜蛾幼虫开始分散取食危害，造成被害植株叶片缺刻。4龄后进入暴食期，取食危害整片叶片，发生严重时可将植株叶片全部吃光，仅留残秆，并具有转株危害的习性，造成毁灭性危害。

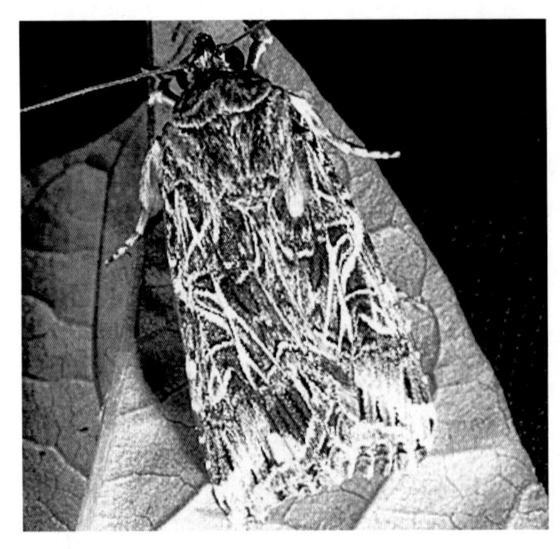

图3-63 斜纹夜蛾成虫（陈书龙 提供）

图3-64 斜纹夜蛾幼虫（孙厚俊 提供）

（4）烟粉虱。烟粉虱直接危害一般不造成特异性症状。烟粉虱刺吸植物汁液，可导致植株衰弱，若虫和成虫可分泌蜜露，诱发煤污病，影响甘薯光合作用。另外，烟粉虱还可传播多种病毒，造成病毒病害（图3-65）。

（5）叶螨。叶螨又名红蜘蛛。成螨、若螨聚集在甘薯叶背面刺吸汁液，叶正面出现黄白色斑，然后叶面出现小红点，危害严重时致甘薯叶片焦枯，状似火烧（图3-66）。

图3-65 烟粉虱成虫

图3-66 叶螨危害症状

如何防治甘薯地上害虫?

（1）甘薯麦蛾综合防治技术。加强田园的管理，改善甘薯的生长条件，多施磷、钾肥，以增强抗虫能力；消灭越冬虫源；在明确其发生规律的基础上，重点防治越冬代；以化学防治为应急措施，全面实施综合防治。

①**清洁田园。**甘薯收获后，及时清洁田园。

②**人工捕杀。**当薯田初见幼虫卷叶危害时，及时捏杀卷叶中的幼虫。

③**诱杀。**利用频振式杀虫灯在甘薯麦蛾发生高峰期进行诱杀，能很好地控制下一代的发生数量。利用性信息素引诱成虫，可使虫口下降率达82.9%～84.7%。甘薯麦蛾释放性信息素的高峰期是在羽化后的1～3天，尤以第二天最强，因此，要在成虫发生高峰期前做好诱捕准备。放置诱捕器的高度比甘薯叶部略高即可。

④**化学防治。**在1～2龄幼虫大量发生，严重危害时，立即采取应急措施，因为此时幼虫抗药性低，随着龄期的增大，抗药性会逐步增强。可选用低毒高效的药剂，如2%阿维·高氯氟乳油1000～2000倍液、1.8%阿维菌素乳油1000～2000倍液、2.5%高效氯氟氰菊酯乳油1000～2000倍液或5%氟啶脲悬浮剂1000倍液，在晴朗无风的下午进行喷雾防治，5～7天喷1次，连续喷3次。但需注意农药的交替使用以及安全间隔期，避免其产生抗药性和造成农药残留。

（2）甘薯天蛾综合防治技术。

①**翻耕。**冬耕是降低越冬虫口基数，控制来年发生程度的有效措施。

②**诱杀。**根据成虫的趋光性和吸食花蜜习性，可设黑光灯或用糖浆毒饵诱杀成虫，也可到蜜源多的地方网捕，以减少田间卵量。

③**人工捕杀。**幼虫发生盛期，结合田间管理进行人工捕杀。

④**化学防治。**当3龄前幼虫3～5头/米^{2}或每100叶有2头时，即可用药剂防治。可考虑选用1%甲氨基阿维菌素苯甲酸盐乳油1000倍液、10%虫螨腈悬浮剂2000倍液、20%氯虫苯甲酰胺悬浮剂2000～5000倍液、1.8%阿维菌素乳油1500～2000倍液、2.5%高效氯氟氰菊酯乳油1000～2000倍液或5%氟铃脲乳油1000～1500倍液进行喷雾防治，或使用上述药剂的复配制剂进行喷雾，

均对甘薯天蛾具有良好的防治效果。

（3）斜纹夜蛾综合防治技术。

① 农业防治。秋季深翻和铲除杂草是前期防治的关键。

② 物理防治。一是灯光诱杀。利用斜纹夜蛾成虫的趋光性，在田间设置频振式杀虫灯或黑光灯诱杀成虫。二是糖酒醋液和性诱剂诱杀。按体积比把糖6份、醋3份、白酒1份、水10份、90%敌百虫晶体1份调匀后装在离地面0.6～1.0米的盆或罐中，放在田间，这样可以诱杀大量斜纹夜蛾成虫；还可以在田间悬挂斜纹夜蛾性诱剂诱捕器，诱杀成虫。

③ 化学防治。药剂防治应该坚持“防早治小”的策略。可以利用幼虫3龄前具有群聚性这一习性，最好在3龄前于晴天的傍晚防治。可考虑使用10%虫螨腈悬浮剂1000～1500倍液、5%氯虫苯甲酰胺悬浮剂1000倍液、2.2%甲氨基阿维菌素苯甲酸盐微乳剂2000倍液、5%氟啶脲乳油1000倍液或1.8%阿维菌素乳油1000～2000倍液等药剂喷雾防治。

（4）烟粉虱综合防治技术。

① 农业防治。秋冬清洁田园，烧毁枯枝落叶，消灭越冬虫源。改进种植制度，避免大面积种植烟粉虱嗜好的蔬菜种类，根据烟粉虱的种群动态合理调整作物的布局与播期，减少迁入甘薯田的虫源。

② 物理防治。在甘薯育苗圃可用黄板诱集，在黄板上涂抹捕虫胶诱杀烟粉虱，黄板应悬挂在距甘薯的生长点15厘米处，挂750块/公顷。

③ 生物防治。丽蚜小蜂是烟粉虱的有效天敌，许多国家通过释放该蜂，并配合使用高效、低毒、对天敌较安全的杀虫剂，能有效地控制烟粉虱的大发生。此外，释放中华草蛉、微小花蝽、东亚小花蝽等捕食性天敌对烟粉虱也有一定的控制作用。另外有些白僵菌菌株也可有效控制烟粉虱的发生与危害。

④ 化学防治。由于烟粉虱对多种杀虫剂产生了不同程度的抗药性，不同地区应根据当地烟粉虱对不同药剂的抗性程度合理选择防控药剂，并选择不同作用机制的农药轮换使用。可考虑选用3%啶虫脒微乳剂13.5～27克/公顷兑水喷施、22.2%螺虫乙酯悬浮剂525～600毫升/公顷兑水喷施、19%溴氰虫酰胺悬浮剂750毫升/公顷苗床兑水喷淋或22%螺虫·噻虫啉悬浮剂750 毫升/公顷兑水喷施。

（5）叶螨综合防治技术。

① 农业防治。清洁田园及周边杂草，降低田间的虫口密度；天气干旱时

进行灌溉，增加田间湿度；合理施肥，提高甘薯的抗害能力。

② **化学防治**。可考虑应用15%哒螨灵乳油1500倍液、1.8%阿维菌素乳油2000～3000倍液、24%螺螨酯悬浮剂1500～2000倍液、5%噻螨酮乳油1000～1500倍液、10%虫螨腈悬浮剂2000倍液或2.5%联苯菊酯乳油2500倍液等对叶片正反面进行均匀喷雾防治，注意轮换用药。在叶螨发生量较大时可选择毒杀成螨的药剂（如阿维菌素、联苯菊酯）和杀卵药剂（如噻螨酮、螺螨酯）混合或轮换施用，均可达到理想的防治效果。

③ **生物防治**。田间有中华草蛉、食螨瓢虫和捕食螨等螨类天敌时，注意用药时期，保护天敌，可增强其对叶螨种群的控制作用。

58 北方甘薯产区主要病害及其主要危害症状有哪些?

北方甘薯产区主要病害有甘薯根腐病、黑斑病、茎线虫病、黑痣病、紫纹羽病等。

（1）甘薯根腐病主要危害症状。

① **地上部症状**。病株茎蔓伸长较健株缓慢，植株矮小，分枝少，遇日光暴晒呈萎蔫状（图3-67）。秋季气温下降，茎蔓仍能生长，但每节叶腋处都能现蕾开花。重病株薯蔓节间缩短，叶片自下而上变黄、增厚、反卷、干枯脱落，主茎自上而下逐渐干枯死亡。

图3-67　甘薯根腐病田间症状（马居奎　提供）

② **地下部症状。**大田期薯苗受害，先在须根中部或根尖出现赤褐色至黑褐色病斑，中部病斑横向扩展绕茎一周后，病部以下的根段很快变黑腐烂，拔苗时易从病部拉断。地下茎受侵染，产生黑色病斑，病部多数表皮纵裂，皮下组织发黑疏松（图3–68）。重病株地下茎大部腐烂，轻病株近地面处的地下茎能长出新根，但多形成柴根。病株不结薯或结畸形薯，而且薯块小，须根多。块根受侵染初期表面产生大小不一的褐色至黑褐色病斑，稍凹陷，中后期表皮龟裂，易脱落。皮下组织变黑疏松，底部与健康组织交界处可形成一层新表皮。贮藏期病斑并不扩展。病薯不硬心，煮食无异味。

图3-68　甘薯根腐病地下茎症状

（2）甘薯黑斑病主要危害症状。甘薯黑斑病在甘薯苗期、生长期和贮藏期均可发生，主要危害薯苗、薯块（图3–69），引起烂床、死苗、烂窖。

图3-69　甘薯黑斑病

① **苗期症状。**如种薯或苗床带菌，种薯萌芽后，苗地下白嫩部分最易受到侵染。发病初期，幼芽地下基部出现平滑稍凹陷的小黑点或黑斑，随后逐渐纵向扩大至3～5毫米，发病重时环绕薯苗基部，呈黑脚状，地上部叶片变黄，生长不旺，病斑多时幼苗可卷缩。在种薯带菌量高的情况下，幼苗绿色茎部甚至叶柄也可被侵染，同样形成圆形和棱形的黑色凹陷病斑。当温度适宜时，病斑上可产生灰色霉状物，即病菌的菌丝层和分生孢子。后期病斑表面粗糙，具刺毛状突起物，为子囊壳的长喙。有时可产生黑色粉状的厚垣孢子。

② **生长期症状。**病苗栽插后，如温度较低，植株生长势弱，则易遭受病菌侵染。幼苗定植1～2周后，即可显现症状，表现为基部叶片发黄、脱落，蔓不伸长，根部腐烂，只残存纤维状的维管束，秧苗枯死，造成缺苗断垄。有的病株可在接近土表处生出短根，但生长衰弱，不能抵抗干旱，即使成活，结薯也很少。健苗定植于病土中可能染病，但发病率低，地上部一般无明显症状。薯蔓上的病斑可蔓延到新结的薯块上，以收获前后染病较多，病斑多发生于虫咬、鼠咬、裂皮或其他损伤的伤口处。病斑黑色至黑褐色，圆形或不规则形，轮廓清晰，中央稍凹陷，病斑扩展时，中部变粗糙，生有刺毛状物。切开病薯，病斑下层组织呈黑色、黑褐色或墨绿色，薯肉有苦味。

③ **贮藏期症状。**贮藏期薯块感病，病斑多发生在伤口和根眼上，初为黑色小点，逐渐扩大成圆形、梭形或不规则形病斑，直径1～5厘米，轮廓清晰。贮藏后期，病斑深入薯肉达2～3厘米，薯肉呈暗褐色，味苦。温湿度适宜时病斑上可产生灰色霉状物或散生黑色刺状物（子囊壳的颈），顶端常附有黄白色蜡状小点（子囊孢子）。往往由于黑斑病的侵染，使其他真菌和细菌病害并发，引起各种腐烂。

（3）甘薯茎线虫病主要危害症状。马铃薯腐烂茎线虫可危害甘薯，引起甘薯茎线虫病，它可以侵染甘薯的薯块（图3-70）、茎蔓和薯苗，属迁移性内寄生线虫。秧苗根部受害，在表皮上生有褐色晕斑，秧苗发育不良、矮小发黄，纵剖茎基部，内见褐色空隙，剪断后不流白浆或白浆很少。茎部症状多在髓部，初为白色，后变为褐色干腐状。块根症状有糠心型、糠皮型和混合型三种症状。糠心型，薯苗、种薯带有线虫，由染病茎蔓中的线虫向下侵入薯块，病薯外表与健康甘薯无异，但薯块内部全变成褐白相间的干腐，即称褐心；糠皮型，线虫自土中直接侵入薯块，使内部组织变褐发软，呈块状褐斑或小型龟裂；严重发病时，两种症状可以混合发生，呈混合型症状，通常有真菌、细菌和螨类等的二次侵染。

图 3-70　甘薯茎线虫病

（4）甘薯黑痣病主要危害症状。甘薯黑痣病在我国各甘薯产区均有发生，田间生长期和贮藏期均可发病，多危害薯块（图3-71）。薯块发病，初时在薯块表面产生淡褐色小斑点，其后斑点逐渐扩大变黑，为黑褐色近圆形至不规则形大斑。湿度大时，病部生有灰黑色粉状霉层。发病严重时，病部硬化并有微细龟裂。病害一般仅侵染薯皮附近几层细胞，并不深入薯肉。但薯块受病后易丧失水分，在贮藏期容易干缩，影响质量和食用价值。

图 3-71　甘薯黑痣病

（5）甘薯紫纹羽病主要危害症状。甘薯紫纹羽病主要发生在大田期，危害薯块和薯拐（图3-72）。植株黄弱，薯块表面生有病原菌的菌丝，白色或紫褐色，似蛛网状，病症明显。病薯由下向上，从外向内腐烂，后仅残留外壳。地上部的症状表现为叶片自茎基渐次向上发黄脱落。

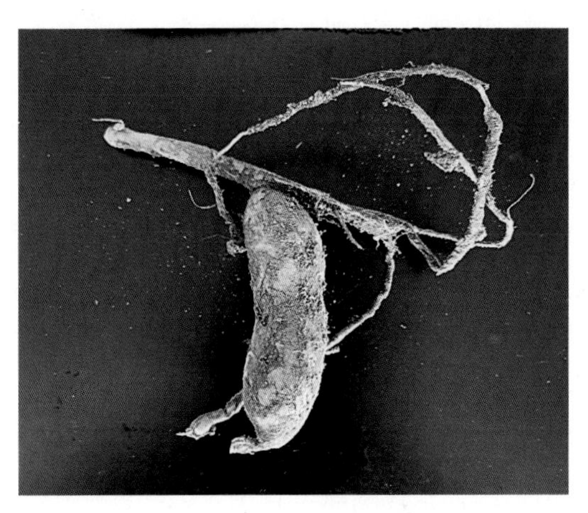

图 3-72　甘薯紫纹羽病

59 北方甘薯产区主要病害如何防治?

（1）甘薯根腐病综合防治技术。目前该病尚无有效的药剂防治措施。根据病害的传播途径和发病的环境条件，在防治上采用以选换抗病品种为主的综合防治措施，可以获得显著的效果。

① 选用抗病品种。由于品种间抗病性差异明显，选用抗病良种是防治根腐病的最经济有效的措施。各地已陆续选出适合本地栽培的抗病丰产品种，现在栽培面积最大的抗病品种为徐薯18。

② 培育壮苗，适时早栽。加强田间管理，栽插期不同，病情和产量有显著差异。春薯选择壮苗适期早栽，能增强甘薯的抗病力，根腐病发病轻。因此，春薯应适期早育苗，育壮苗，保证适期早栽。栽苗后注意防旱，遇天气干旱应及时浇水，提高甘薯抗病力。

③ 加强田间管理。病田中的残体应集中烧毁，减少田间菌量。对重病田实行深翻耕，可减少土壤耕作层的菌量。增施净肥和复合肥，尤其是增施磷、钾肥，提高土壤肥力，增强甘薯的抗病力，可收到良好的防病保产效果。此

外，地势高低不同的发病田块，要整修好排水沟，以防病菌随雨水自然漫流，扩散传播。

④ **轮作换茬。**病地实行与花生、芝麻、棉花、玉米、高粱、谷子等作物轮作或间作，有较好的防病保产作用。轮作年限，要依发病程度而定。一般病地轮作年限3年以上。在发病严重的地块，应及时改种或补种其他作物，减少损失。

⑤ **建立三无留种地，杜绝种苗传病。**建立无病苗床，选用无病、无伤、无冻的种薯，并结合防治甘薯黑斑病，进行浸种和浸苗。选择无病地建立无病采苗圃和无病留种地，培育无病种薯。

（2）甘薯黑斑病综合防治技术。甘薯黑斑病危害期长，病原来源广，传播途径多。因此，对于黑斑病的防治应采用以繁殖无病种薯为基础，以培育无病壮苗为中心，以安全贮藏为保证的防治策略。实行以农业防治为主，以药剂防治为辅的综合防治措施，狠抓贮藏、育苗、大田防病和建立无病留种田4个环节，才能收到理想的防治效果。

① **铲除和堵塞菌源。**严格控制病薯和病苗的传入和传出是防止黑斑病蔓延的重要环节，生产中必须千方百计杜绝种苗传病，以铲除和堵塞菌源。首先要做好“三查”（查病薯不上床、查病苗不下地、查病薯不入窖）和“三防”（防引进病薯病苗、防调出病薯病苗、防病薯病苗在本地区流动）工作。对非疫区要加强保护，严禁从病区调进种薯种苗，做到种苗自繁、自育、自留、自用，必须引种时，不要引进薯苗，而要引进从春薯田剪取的薯蔓。引入后，先种在无病地繁殖种薯，第二年再推广。另外，在薯块出窖、育苗、栽植、收获、晒干、复收、耕地等农事活动中，都要严格把关，彻底捡除病残体，集中焚烧或深埋。病薯块、洗薯水都要严禁倒入圈舍内或喂牲口。不用病土、旧床土垫圈或积肥，并做到经常更换育苗床，对采苗圃和留种地要注意轮作换茬。

② **建立无病留种田。**建立无病留种田、繁殖无病种薯，是防治甘薯黑斑病的有效措施。由于黑斑病传染途径多，因此建立无病留种田，要做到苗净、地净、肥净，并做好防治地下害虫的工作，从各方面防止病菌侵染危害。一是苗净。即选用无病薯苗栽插。一般可从春薯地剪蔓，采苗圃或露地苗床高剪苗，以获得无病薯苗。二是地净。黑斑病在土壤中存活年限因地区而异，各地可通过一定年限的轮作来获得无病净地。北方地区黑斑病的病菌在土壤中可以存活2年9个月，因此，要选择3年以上未种过甘薯的田地。南方地区病菌在

水稻田中存活不超过7个月，因此，可选用早稻收获后的田块栽插秋薯留种。此外，无病留种田应注意远离普通薯田，要求地势高、排水好，以防流水传病。三是肥净。无病留种地不能施用带有病菌的杂肥、厩肥。如无净肥，可施饼肥、化肥、绿肥或其他菌肥。无病留种地应注意加强防治地下害虫，以减少病菌侵染途径。

③ **培育无病壮苗。**培育无病壮苗是综合防治的中心环节，主要措施如下。一是药剂浸种。用50%甲基硫菌灵可湿性粉剂200倍液浸种10分钟，防病效果达90%～100%；用70%甲基硫菌灵可湿性粉剂300～500倍液浸蘸薯苗，防治效果亦良好。在菌量大的情况下，防治效果仍很显著，兼有治疗和保护作用。此外，用50%多菌灵可湿性粉剂800倍液浸种，也有良好的防病效果。二是高温育苗。高温育苗是在育苗时把苗床温度提高到35～38℃，保持4天，以促进伤口愈合，控制病菌侵入。此后苗床温度降至28～32℃，出苗后保持苗床温度在25～28℃，并可促使早出苗，提高出苗率。三是推广高剪苗技术。种薯或苗床土壤中常常携带黑斑病、根腐病及线虫病等的病原物，病原物会缓慢向薯苗侵染，高剪苗能减少薯苗携带的病原，原因是病原物的移动速度低于薯芽的生长速度，病原物大部分滞留在基部附近，上部薯苗带病的可能性比较小。四是栽前种苗处理。将种苗捆成小把，用70%甲基硫菌灵可湿性粉剂800～1000倍液浸苗5分钟，可起到较好的消毒防病作用。

（3）甘薯茎线虫病综合防治技术。甘薯茎线虫病一旦发生，田间土壤、病薯、病苗及部分杂草均可成为来年的侵染源，随着茎线虫种群的不断积累，使危害逐年加重。作物轮作也很难对其进行有效控制。甘薯产业技术体系集成的“选、控、封、防”甘薯茎线虫病综合防治技术，在9个甘薯产区进行示范推广，可有效控制甘薯茎线虫病的危害。

① **选。**选用抗病品种、选用无病种薯，生产中应用的抗茎线虫病品种较多，如商薯19、郑红22、徐薯37等。

② **控。**控制田间虫口基数、控制苗床线虫侵入速度、控制薯苗携带线虫，具体措施包括三点。一是清洁田园。控制田间虫口基数是防控的主要措施。要控制田间虫口基数，在上年收获后，要把甘薯茎线虫病薯块清出大田，并集中消灭。二是喷施茉莉酸甲酯。控制苗床线虫侵入速度：在苗床期喷施茉莉酸甲酯，在一定时期内，可控制线虫的侵入。三是采用高剪苗措施，防止薯苗带线虫入田。高剪苗是在距离苗床地面5厘米以上将薯苗剪下，可有效防止种薯中

线虫和其他病害被带入大田。

③ **封。**封闭剪苗伤口。研究表明茎线虫主要从薯苗移栽时基部的切口侵入，栽种时用药剂封闭剪苗伤口，可有效防止线虫的侵入。

④ **防。**在重病区配合药剂有效防控茎线虫。常用药剂有30%辛硫磷微胶囊、5%噻唑磷乳油等。

(4)甘薯黑痣病综合防治技术。

① **杜绝种苗传病。**建立无病苗床，选用无病、无伤、无冻的种薯。无病地区不要到病区引种、买苗，杜绝病害的传入。

② **田间管理。**一是适当晚栽早收，春薯高剪苗可适当晚栽，能减轻黑痣病发生。收获期要做到适时收获，一般在寒露至霜降之间，具体时间以当地日平均气温在15℃左右为宜。若收获过晚，薯块容易遭受霜冻，利于黑痣病菌侵入。收获后有条件可在晒场上晒2～3天，使薯块伤口干燥，可抑制病菌侵入。也可先在屋内干燥处晾放10～15天，然后再入窖。二是注意防涝。采用高畦或起垄种植，雨后及时排水，减少土壤湿度，可防止甘薯黑痣病的发生。三是实行轮作。有条件的地方，可实行与禾本科作物三年以上的轮作。四是禁止施用未腐熟有机肥料。未腐熟的有机肥料尤其是牛粪，大幅度增加甘薯黑痣病的发生和危害程度，因此应避免施用此类肥料。

③ **化学防治。**一是在苗床育秧期，不用病薯块作种薯，对无病薯块也要进行药剂处理，可用50%多菌灵可湿性粉剂1000倍液浸泡10分钟进行消毒。浸泡后的药液要泼在苗床上，注意不要用复方多菌灵或复方甲基硫菌灵，以免有效成分不够，影响防治效果。剪下的薯苗用上述药液浸泡根部（约10厘米）10分钟。连根拔下的薯苗要将根部剪掉后再浸泡。苗床上若发现病薯要立即深埋或烧毁处理。二是在大田栽植期，大田栽秧时，用50%多菌灵可湿性粉剂30～45千克/公顷兑细土配成药土，浇水栽秧后，施药土，最后覆土，可杀灭土壤中的黑痣病菌。

④ **加强贮藏期管理。**甘薯贮藏期窖温要控制在12～15℃，如果温度低于9℃，甘薯易受冻害，诱发黑痣病或其他病害。若温度高于17℃，甘薯极易发芽生根，且利于黑痣病的发生。

(5)甘薯紫纹羽病综合防治技术。

① 严格挑选种薯，剔除病薯；苗床用净土以培育无病壮苗。

② 不宜在发生过紫纹羽病的桑园、果园以及大豆、花生田等地块栽植甘

薯，最好选择与禾本科作物轮作。

③ 发病初期在病株四周开沟阻隔，防止菌丝体、菌索、菌核随土壤或流水传播蔓延，及时喷淋或浇灌36%甲基硫菌灵悬浮剂500倍液。

④ 及时清除病株和病残体。田间发现病株时，要在菌核形成以前，及时将病株和病土一起铲除，再用福尔马林或石灰水进行消毒。山坡梯田应特别注意水流传病。同时，禁止将病地作为蔬菜秧田或果木苗圃，以防带土移栽时扩大病区。此外，还应注意防止带菌肥料、人、畜和农具等传播病害。

⑤ 增施有机肥，提高土壤肥力并改善土壤结构，增强植株抗病能力。

南方甘薯产区主要病害及其主要危害症状有哪些？

南方甘薯产区病害主要有甘薯蔓割病、甘薯疮痂病、甘薯瘟病、甘薯细菌性黑腐病等。

（1）甘薯蔓割病主要危害症状。甘薯蔓割病发生后使甘薯茎叶黄化、萎蔫，或使根茎部变黑、腐烂（图3-73，图3-74），造成发病薯块蒂部或整薯腐烂。发病严重植株薯拐出现开裂或局部变褐，导致染病植株逐渐萎蔫、枯死。发病植株的根、主蔓、分枝蔓、叶柄均可见纵裂症状，但多发生在近土壤的拐头部位。

图3-73　甘薯蔓割病（刘中华　提供）

图3-74　蔓割病茎部纵切图（刘中华　提供）

（2）甘薯疮痂病主要危害症状。甘薯疮痂病主要危害甘薯藤蔓（图3–75）、嫩梢、叶柄和叶片（图3–76），在甘薯上形成疮疤，影响生长，在甘薯生长发育早期发病会严重影响甘薯的产量及品质。发病严重的茎蔓扭曲变形，叶片向上卷缩，顶芽萎缩，造成新梢和叶片畸形，延缓生长，甚至全株枯死。

图3–75　甘薯疮痂病茎部症状
（刘中华　提供）

图3–76　甘薯疮痂病叶片症状
（刘中华　提供）

（3）甘薯瘟病主要危害症状。甘薯瘟病发病植株于晴天中午萎蔫呈青枯状，维管束具黄褐色条纹，发病后期各节上的须根黑色腐烂，易脱皮（图3–77）。发病轻的薯块薯蒂、尾根呈水渍状变褐，发病重者薯皮现黄褐色斑，横切面可见黄褐色斑块，纵切面可见黄褐色条纹（图3–78）。发病薯块有苦臭味，蒸煮不烂，失去食用价值；严重时整个薯块组织全部烂掉，带有刺鼻臭味。

图3–77　甘薯瘟病病株症状

图3–78　甘薯瘟病薯块症状图
（孙厚俊　提供）

南方甘薯产区病害如何防治?

南方甘薯主产区主要真菌性病害有甘薯蔓割病、甘薯疮痂病及近几年在沿海地区发生危害严重的甘薯基腐病（蔓枯病）；甘薯细菌性病害有甘薯瘟病和甘薯茎腐病；另外，还有世界范围内存在的甘薯病毒病。

（1）甘薯真菌性病害防治技术。

① 选用抗耐病品种。栽种抗耐病品种是防治甘薯疮痂病、甘薯蔓割病和甘薯基腐病的最有效途径，也是病害综合防治的关键措施。在发病严重地块可选用广薯15、湘农黄皮等既抗甘薯疮痂病又抗甘薯蔓割病的品种，或广薯16、广薯87、金山57、华北48、豆沙薯、潮薯1号、岩薯5号等抗甘薯蔓割病品种。浙薯38较抗甘薯基腐病。

② 培育无病健苗。培育无病健苗是防治真菌性病害的防治根本，选用健康种薯，利用土质肥沃、灌溉方便、排水通畅、光照充足的无病田块建立育苗床，培育无病健苗。

③ 做好甘薯种薯种苗检疫。随着运输业的发展，种薯种苗调运频繁，因此需做好禁止从疫区调运种薯种苗的工作，防止病害随病苗在非疫区蔓延。

④ 合理栽培。减少氮肥施用，适当多施磷、钾肥，提倡施用酵素菌沤制的堆肥，增强薯苗抗病性。在发病区域实行水旱轮作，提倡无病区薯块留种，培育无病壮苗。发病时，清除发病严重植株，收获后清除田间病株、残体，集中烧成灰肥或深埋土中，消灭病源。

⑤ 农药防治。发病初期喷洒36%甲基硫菌灵悬浮剂500～600倍液、50%多菌灵可湿性粉剂600倍液，10天1次，连续防治2～3次，两种药剂交替施用，防止产生抗药性。

（2）甘薯细菌性病害防治技术。主要采用加强检疫、增强田间管理、培育健康种薯种苗等方法。

① 加强检疫。严禁从病区调运病薯、病苗，截住病源，控制疫区，减小病害蔓延范围。

② 加强田间管理。夏季雨量增大，及时挖沟排水；收获时清除病薯、病残体并集中烧毁，及时清洁田园，采用石灰、硫黄进行土壤消毒，减少病害侵

染源；控制氮肥施用量，多施磷、钾肥或施用专用复合肥。

③ **合理轮作。**最有效的轮作方式为水旱轮作，或与小麦、玉米、高粱等禾本科作物轮作。

④ **培育无病壮苗。**采用秋薯留种，避免薯块产生伤口，用净种、净土、净肥培育出无病壮苗，能增强抗病力。及时剪苗，不剪爬地薯苗。

⑤ **选用抗病良种。**目前尚未有对黑腐病具有较好抗耐性的品种，但甘薯瘟病可采用华北48、新汕头、豆沙薯、广薯3号、金山57等抗耐病品种。

病毒病具体防治方法见第63问。

62 诱虫灯防治甘薯虫害效果如何?

自然界中大部分的昆虫都具有趋光性，即昆虫受到光刺激后能够产生定向运动的行为习性，尤其是夜行性昆虫，它们多数具有非常明显的趋光性，如夜蛾、金龟子等。“飞蛾扑火”是人们熟知的一个成语，很好地阐述了蛾类等昆虫的趋光性。诱虫灯就是一种利用昆虫的趋光性来引诱和捕杀昆虫的灯，应用诱虫灯对农业害虫监测具有重要的意义，同时还是害虫综合治理的重要措施。

由于不同昆虫光感受器结构与功能不同，其趋光性存在差异，利用诱虫灯诱杀时所需的光源也存在一定差异，因此针对不同的害虫种类应使用不同的诱虫灯，如频振灯、黑光灯、LED（发光二极管）灯等，为可见光或紫外光等光源。目前诱虫灯在果园、茶园及水稻田中大量使用，如在梨园利用黑光灯诱杀梨小食心虫，在芒果园利用频振灯诱杀红脚丽金龟、芒果叶瘿蚊、绿额翠尺蛾和灰白条小卷蛾等害虫。

甘薯田发生普遍、危害严重的主要地下害虫有蛴螬（成虫为暗黑鳃金龟、华北大黑鳃金龟、铜绿丽金龟等）、金针虫、甘薯蚁象等，地上害虫有夜蛾、天蛾、白粉虱、蚜虫等。甘薯田使用的主要诱虫灯是变频黑光灯（图3-79）。黑光灯是一种特制的气体放电灯，发出波长为330～400纳米的紫外光。具有趋光性的昆虫的视网膜上都有一种色素，它能够吸收某种特殊波长的光，从而引起光反应。光反应刺激昆虫视觉神经，通过神经系统指挥运动器官，从而引起昆虫翅和足的运动，使其趋向光源。由于人类和昆虫可见光区波段不同，黑光灯发出的光处在人类不敏感的波段，因此称为黑光灯，但是大多数趋光性昆虫喜好这一波段的紫外光，尤其是鳞翅目和鞘翅目昆虫对这一波段更敏感。因此，通过黑光灯的使用，能很好地对甘薯田大多数害虫如蛴螬成虫、夜蛾类及甘薯蚁象等昆虫进行测报和诱杀。这种诱虫灯不仅在甘薯田大量使用，在其他作物田也起到很好的诱虫作用。一般诱虫量在第一年最多，长期使用，害虫量降低，因此诱虫量也大大降低。使用诱虫灯诱虫效果好，无农药污染，简单易行，有利于促进农业可持续发展。

图 3-79　变频黑光灯

生产上还有一种诱虫装置是利用性诱剂来吸引异性昆虫。许多昆虫发育成熟以后能向体外释放具有特殊气味的微量化学物质，以引诱同种异性昆虫前去交配。这种在昆虫交配过程中起通信联络作用的化学物质称为昆虫性信息素或性外激素。人工合成的性信息素通常称为昆虫性引诱剂，简称性诱剂。目前已在生产上应用性诱剂防治的害虫主要有梨小食心虫、桃小食心虫、苹果蠹蛾、枣镰翅小卷蛾、苹小卷叶蛾、金纹细蛾等。甘薯上对甘薯蚁象性诱剂研究较多，在昆虫干扰交配和虫情监测等方面具有重要作用。

63　甘薯病毒病如何识别和防治？

甘薯病毒病是甘薯上重要的病害之一，在世界范围内发生危害，可造成甘薯产量下降，甘薯产量损失60%～80%，严重绝产，不仅如此，病毒还能降低甘薯品质，影响营养物质的合成和积累，严重威胁甘薯产业健康发展。据报道，侵染甘薯的病毒种类有30余种，我国报道的有20余种。

（1）病毒引起症状。

① 叶片形成褪绿斑点，黄化、形成网状黄脉；叶脉透明，形成黄绿相间的花叶或羽状斑驳（图3-80）。

图3-80 叶片褪绿斑点

② 产生紫斑点（图3-81）、环斑或者形成枯死斑。

图3-81 叶片紫斑点

③ 叶片沿着叶边缘向上卷曲。

④ 叶片严重皱缩、产生疱斑，心叶开始扭曲畸形，叶片不舒展，形成细长蕨叶、鸡爪叶（图3-82）。

图 3-82　叶片卷叶

⑤ 薯块病毒积累形成黑褐色或黄褐色龟裂纹，贮藏后薯肉木质化。

（2）我国主要甘薯病毒。

① 马铃薯Y病毒科（*Potyviridae*）马铃薯Y病毒属（*Potyvirus*）病毒有甘薯羽状斑驳病毒（*Sweet potato feathery mottle virus*,SPFMV）、甘薯G病毒（*Sweet potato virus G*，SPVG）、甘薯潜隐病毒（*Sweet potato latent virus*，SPLV）和甘薯轻斑点病毒（*Sweet potato mild speckling virus*，SPMSV）。

② 马铃薯Y病毒科（*Potyviridae*）甘薯病毒属（*Ipomovirus*）病毒有甘薯轻斑驳病毒（*Sweet potato mild mottle virus*，SPMMV）。

③ 长线形病毒科（*Closteroviridae*）毛形病毒属（*Crinivirus*）病毒有甘薯褪绿矮化病毒（*Sweet potato chlorotic stunt virus*，SPCSV）。

④ DNA病毒中的双生病毒科（*Geminiviridae*）菜豆金色花叶病毒属（*Begomovirus*）病毒有甘薯卷叶病毒（*Sweet potato leaf curl virus*，SPLCV）等。

由甘薯羽状斑驳病毒（SPFMV）和甘薯褪绿矮化病毒（SPCSV）协生共侵染甘薯引起的病害称为甘薯病毒病（Sweet potato virus disease，SPVD），是甘薯上的一种毁灭性病害，引起甘薯叶片畸形、叶片扭曲细长似老鼠尾巴、花叶及紫斑等，造成甘薯植株叶绿素含量明显下降，光合作用受阻，发病株的产量下降40%～80%，甚至绝收。SPVD在我国山东省、河南省、江西省等多个省份暴发，并随着种薯种苗的调运，在全国范围内蔓延、危害。

（3）病毒病综合防治技术。病毒病尚无有效的化学防治药剂，因此，病毒病的防治方针为“预防为主，综合防治”。

① 加强检疫，防止病毒传播。随着运输业的发展，南苗北调、北薯南繁频繁，病毒病可通过薯苗和薯块的调运进行长距离扩散和蔓延。因此，调苗和

调薯块前应加强产地检疫，发现病株、薯块等应及时拔除销毁，尽量减少跨大区调运种薯、种苗。

② **推广脱毒种薯种苗。**推广栽种脱毒种苗，建立脱毒种薯繁育体系和繁育基地，建立无病留种田，是甘薯病毒病的主要防治措施之一。同时对脱毒种薯种苗进行检测，进一步保证脱毒薯苗和薯块质量，在甘薯种质材料的引进、交换过程中尽量使用无毒苗。

③ **剔除发病植株。**准确识别甘薯病毒病植株症状是甘薯病毒病防控的关键。加大培训力度，让更多薯农能够准确识别卷叶、叶片皱缩、扭曲、叶脉褪绿黄化等甘薯病毒病的典型症状，及时拔除苗床、田间发病植株，消灭传染源头，防止病毒扩散。

④ **加强对介体昆虫的防治。**甘薯病毒病主要由汁液、蚜虫及烟粉虱等介体传播，加强对甘薯田（特别是苗期）烟粉虱和蚜虫的防治，可有效减少该病的扩散蔓延。防治方法有以下几种。一是黄板诱杀。在苗床和大田距生长点15厘米处悬挂黄板诱杀传毒介体烟粉虱和蚜虫等，降低传毒介体数量和传毒效率。二是防虫网阻止。在甘薯育苗圃，可用60目防虫网防护，防止粉虱的入侵。三是用吸虫机铲除。吸虫机类似于吸尘器，通过通风管在植物顶部用风力把昆虫吸入机内，然后再把昆虫收集或打成碎片，可取代杀虫剂进行杀虫。四是生物防治。在保护地或苗床上采用丽蚜小蜂防治，大约3～5头/株，7～10天放蜂1次，放3～5次可有效控制粉虱发生危害。

64 甘薯病虫害的综合防控技术包括哪些内容？

甘薯病虫害的发生是危害甘薯产量和品质的主要因素之一，目前我国甘薯田发病频繁，危害严重的有甘薯病毒病，甘薯黑斑病、甘薯根腐病、甘薯蔓割病、甘薯疮痂病、甘薯基腐病（图3-83）等真菌性病害，甘薯茎线虫病、甘薯软腐病、甘薯黑斑病、甘薯黑痣病及甘薯干腐病等贮藏期病害，蛴螬（成虫为暗黑鳃金龟、铜绿丽金龟、华北大黑鳃金龟等）、金针虫（包括沟金针虫、细胸金针虫、褐纹金针虫）、小地老虎、甘薯蚁象等地下害虫，斜纹夜蛾、甜菜夜蛾、甘薯天蛾、叶螨、白粉虱、蚜虫等地上害虫。

图 3-83　甘薯基腐病症状

甘薯病虫害的防控主要贯彻“预防为主，综合防治”的植保方针。目前在甘薯上登记的化学农药较少，为了贯彻农业可持续发展，降低农药的使用量，甘薯病虫害防治以农业防治、物理防治和生物防治为主，按照病虫害发生规律，科学使用化学防治技术，减少各类病虫害所造成的损失。

（1）农业防治。

① 加强检疫。禁止从病区调运种薯、种苗。我国南北方甘薯主产区病虫害种类具有差别，如甘薯黑斑病主要在北方甘薯主产区发生，而甘薯蚁象主要发生在南方甘薯主产区，因此在南北调运薯苗、薯块时，加强检疫，禁止南病北移，北病南移。

② 选用抗病品种。根据当地病虫害发生情况，选用优良抗病品种和无病种薯种苗。

③ 培育壮苗，高剪苗栽插。加强苗床管理，选用无病无虫种薯，防止苗床薯苗生长过快，减少匍匐苗，培育高质量薯苗。采用高剪苗栽插，离地面3～5厘米剪下秧苗栽插，降低秧苗带病概率。

④ 加强田间管理。加强肥、水管理。减少氮肥使用，鼓励使用腐熟有机肥，使用清洁水源灌溉，不应使用淀粉加工废水。及时中耕除草，收获后清理田间病虫薯、带病虫秧蔓，带出田外集中销毁，降低病虫基数。

⑤ 轮作。合理轮作换茬，宜水旱轮作或与禾本科作物轮作。

⑥薯窖管理。适时收获甘薯，防止薯块受冻，防止破伤。甘薯窖使用前进行熏蒸灭菌，甘薯入窖后采取高温愈合等处理措施，即用1～2天加温到平均堆内温度34～37℃，并保持96小时，再用1～2天恢复到正常贮藏温度

（10～15℃），及时通风，保持贮藏温度10～15℃，相对湿度85%～95%。

（2）物理防治。

① 黑光灯诱杀。采用黑光灯2盏/公顷，诱杀蛴螬成虫（金龟子）、小地老虎、甜菜夜蛾、斜纹夜蛾、甘薯麦蛾等。

② 糖醋液诱杀。按照醋：糖：水：酒（酒精浓度为53%）质量比为4：3：2：1，再加入1%的90%敌百虫晶体，调匀后盛在盆内，距地面高1～1.2米放置糖醋液盆。放置120盆/公顷左右，每5天添加糖醋液至容器体积的1/2，10天后更换糖醋液。

③ 性诱剂诱杀。目前甘薯上性诱剂应用较广的害虫为甘薯蚁象，主要引诱雄虫，降低交配率，从而减少虫害的发生。

（3）生物防治。

① 生物天敌。可释放赤眼蜂、丽蚜小蜂防治斜纹夜蛾、甜菜夜蛾等鳞翅目害虫。

② 生物制剂。防治鳞翅目害虫可用50000国际单位/毫克苏云金杆菌可湿性粉剂800倍液；防治蛴螬等害虫在起垄前撒施2%白僵菌粉，用量为30千克/公顷。

（4）化学防治。详见第55、57、59、61问。

第五节　甘薯生产其他技术

本节重点介绍如何正确选择和使用除草剂、甘薯大田中后期如何控制旺长、如何根据甘薯耐受的最低温和气候变化适期收获、发展鲜食型甘薯出现裂口的现象该如何解决。

65 甘薯田如何正确选择和使用除草剂？

杂草是影响作物生长的重要因素，也是引起作物产量降低的最直接因素。世界上每年因杂草危害造成农作物平均减产9.7%，粮食作物减产达10.4%。目前我国农田杂草种类繁多，约有1290多种，隶属于105科560属。我国甘薯田杂草主要有禾本科杂草马唐、狗尾草、牛筋草、稗等；阔叶杂草反枝苋、马齿苋、铁苋菜、饭包草、鸭跖草、藜、苘麻、鳢肠、鬼针草、苍耳、田旋花等；莎草科杂草碎米莎草、香附子等。这些杂草不仅通过营养和空间竞争抑制甘薯生长，直接降低甘薯产量，还为病虫害的蔓延提供有利条件，间接降低甘薯产量，影响甘薯品质。杂草可造成甘薯减产5%～15%，严重时造成减产50%以上，给甘薯生产带来重大损失。农业种植结构调整前，主要靠人工除草，效率低，用工量大，随着耕地经营集中，农村劳动力减少，草害问题更加突出。除草剂的使用解决了劳动力减少这一问题，但不正确的除草剂使用不仅造成环境污染，还极易产生药害。因此甘薯田除草剂的选择和使用方式尤为重要。

（1）土壤封闭处理。

①喷施乙草胺类除草剂。使用方法：甘薯起垄后栽种前，采用50%异丙草胺乳油3～3.75千克/公顷，或用50%乙草胺乳油2.25～3.75升/公顷、96%精异丙甲草胺乳油750～1500毫升/公顷、72%异丙甲草胺乳油2.25～4.5升/公顷、33%二甲戊灵乳油2.25～4.5升/公顷，兑水600～750升/公顷，进行土壤均匀喷雾。该类除草剂可防除稗、牛筋草、马唐、狗尾草等一年生禾本科杂草以及藜、马齿苋、反枝苋、苘麻、龙葵等阔叶杂草。注意事项：该类除草剂施药应在早、晚气温低、风小时进行，大风天不要施药，走向要与风向垂直或夹角不小于45°，要先喷下风处，后喷上风处，以防止药液随风飘移，喷到甘薯叶片或其他植株上；土壤湿润时防除杂草效果好，施药后不要翻动土壤，以防破坏药层，影响除草效果；甘薯栽插前使用，栽插后不可使用，栽插后不可灌水，不可在下雨前使用，防止药剂淋溶到甘薯根部，造成药害；在极度干旱和水涝情况下不宜使用，以免发生药害；对有机质含量较低的沙土地或贫瘠土地，可适当降低用量。

②喷施48%氟乐灵乳油。48%氟乐灵乳油对禾本科杂草牛筋草、稗、狗尾草和小粒种子阔叶杂草等具有很好效果，用量为1.5～2.25升/公顷，兑水600～750升/公顷，均匀喷雾，因该药剂易光解，喷施后及时混土3～5厘米。在北方低温干旱条件下残效期长，后茬不宜种高粱、谷子等敏感作物，其余主要注意事项同乙草胺等。

（2）苗后处理。

①喷施灭草松水剂。甘薯栽种后，阔叶杂草及莎草出齐幼苗时，每公顷采用25%灭草松水剂3～6升，兑水450升茎叶均匀定向喷洒。该药剂是触杀型选择性的苗后除草剂，对禾本科杂草无效，只能杀死阔叶杂草及莎草，必须

充分湿润杂草茎叶；尽量选择高温晴天施药，能充分发挥药效，在阴天或气温低时施药效果欠佳；应保证喷药后8小时内无雨，否则影响药效。定向施药，若喷洒在甘薯叶片，可出现边缘干枯、黄化等轻微受害症状，一般10天后即可恢复正常生长，不影响最终产量。

② 配合精喹禾灵、精吡氟禾草灵或高效氟吡甲禾灵乳油。能够防除甘薯田中的稗、牛筋草、狗尾草、马唐等一年生禾本科杂草。甘薯栽种后封垄前，杂草基本出齐后进行茎叶处理，用5%精喹禾灵乳油750～1500毫升/公顷、15%精吡氟禾草灵乳油750～1500毫升/公顷或10.8%高效氟吡甲禾灵乳油375～600毫升/公顷，加水450升/公顷进行茎叶喷雾。注意事项：该类药剂要在大部分禾本科杂草出土后施用；土壤湿度大，水分适宜，杂草小，用低剂量；反之，土壤干旱，杂草叶龄大，用高剂量；在晴朗无风或小风天气施药，不要使药液漂移到附近禾本科作物田，以免造成药害。

66 甘薯地上部旺长会导致产量下降，如何控制甘薯地上部旺长？

大部分甘薯在田间只有根、茎、叶，因此甘薯生长只是根、茎、叶的生长，没有花和果实的生长，生长到一定程度甘薯根部膨大，无明显的成熟期。只要条件合适，甘薯能够继续生长。因此，甘薯田间生长进入中后期（北方薯区大约7月底至8月中下旬），茎叶出现“疯长”，主要表现在前三节茎部节间显著拉长，叶片明显变宽变大，叶柄变长，茎蔓粗壮，顶部嫩梢翘起，茎叶生长点朝上，顺着垄沟方向看去几乎看不到垄沟。茎叶过长，营养生长旺盛，从而导致甘薯根部须根增多，薯块膨大缓慢，产量严重下降，甚至绝收。

（1）旺长具体原因。

① 土壤中速效氮含量过高。土壤肥力过高，尤其是土壤速效氮的含量过高，超过80毫克/千克时甘薯容易出现疯长。

② 温度过高，湿度过大。7—8月正好是高温高湿天气，雨量增多，若不能及时排出，造成土壤积水，甘薯也易出现疯长。

③ 光照不足。甘薯栽插密度过大，通风透光不良，或甘薯栽插在树林下、与高秆作物间作，造成光照不足。

④ 品种差异。生长过旺还与甘薯品种特性有关，有些品种尤其是紫薯品

种，如川山紫、济薯18等品种，地上部极易生长过旺。

（2）控旺措施。

① **合理施肥。**可根据土壤基础肥力进行测土配方施肥。当土壤速效氮含量超过600毫克/千克时，停止使用氮肥，增施钾肥和有机肥，在甘薯生长中后期用0.3%磷酸二氢钾溶液均匀喷施叶片，连喷两次，间隔期为7～10天，促进薯块的膨大。

② **合理起垄。**平原肥地尽量起高垄、大垄，垄高25厘米以上，垄宽90厘米以上。

③ **加强田间管理。**多雨季节及时挖沟排水，减少田间积水；及时提蔓（非翻蔓）或摘蔓，摘去或采用镰刀割去甘薯顶端生长点，也可以起到控制地上部旺长的效果。

④ **品种选择。**选用地上部生长不旺盛且能满足生产需要的甘薯品种。

⑤ **化学控旺。**非必要情况下尽量不用此方法，薯苗栽插后40～50天，秧蔓长度在40厘米左右时，每公顷用5%烯效唑可湿性粉剂1800克左右，兑水450千克均匀喷雾，根据茎叶生长速度，间隔7～10天喷洒1～2次。

67 甘薯生长的最适温度和甘薯苗能耐受的最低温度分别是多少？

甘薯相对较耐低温，调查发现，大田生产中，甘薯在温度为15℃以上且不过高时能够基本保持正常生长，25～28℃为甘薯生长最适温度。温度过高或过低都不利于甘薯生长，一般到10℃左右基本停止生长，长期低于5℃极易形成冻害；温度超过35℃，叶片气孔关闭、蒸腾效率降低，甘薯易出现萎蔫。

温度是影响甘薯幼苗生长的重要因素，因此，应十分注重苗期温度科学管理。苗床排种后到出苗前，是发芽出土阶段，应高温高湿。排种后10天内，前4天床温宜保持在32～35℃，最高不超过37℃，有利于促进萌芽、伤口愈合；其后3～4天床温保持在32℃左右，最后几天床温也不宜低于28℃。幼苗出齐后至采苗前2～3天是长苗阶段，应采取夜催日炼的措施。床温保持在25～30℃，薄膜内气温不宜超过35℃，以免烧苗。如膜内气温过高，可从苗床边缘将薄膜撑开，留出缝隙，徐徐通风降温。不可大揭大敞，以防芽苗枯尖干叶。此期气温较低，夜间仍应严密封盖保温，促苗生长。采苗前3～5天，应进行炼苗，提高薯苗在田间自然条件下的适应能力。此期应揭去覆盖物，日晒夜晾，同时薯苗充分见光，以使薯苗生长健壮，适应大田生长环境。采苗后的苗床管理又转入以催为主的阶段，采苗后苗床尽快覆膜增温，促使小苗生长。

甘薯植株矮小、叶片发黄，是什么原因造成的？

（1）造成甘薯植株矮小、分枝少、叶片发黄的主要原因。

① 营养元素缺乏。严重缺乏氮素能导致甘薯植株矮小、无分枝、叶片小而厚、新叶紫色、老叶发黄并逐渐衰老枯落。缺钾肥也可以造成老叶叶脉间失绿黄化，叶脉仍可保持绿色，叶片凹凸不平，老叶片开始变黄，幼叶保持正常的颜色、大小和结构。缺钙也能造成植株矮小，叶片小而薄，变黄，从顶叶下方2～3片叶开始发黄，老叶发黄后逐渐衰老枯落，根部短小，并有烂根现象。甘薯缺硫与缺氮症状有点类似，容易导致整株植物叶片黄化，中上部叶片更明显，叶片大而薄，叶柄变短，但叶片并不提前干枯脱落。严重缺硫时也会造成植株生长迟缓、分枝少等症状。甘薯缺镁时叶片整体上为苍白色，但也有些品种叶片黄化，在最老的叶片上先出现叶脉黄化症状，并会扩散到幼叶上，也可能发生叶缘向上或向下卷曲，或是叶片枯萎下垂。缺镁导致茎蔓比较弱小、卷曲，节间较长。

② 病害造成。甘薯根腐病的发生也容易造成植株矮小，叶片发黄、脱落，严重时可促进甘薯开花，植株萎蔫死亡。根腐病发生在苗床期，主要表现为地上部植株矮小，叶片发黄，出苗晚，挖出根部，可见在根部出现褐色病斑，不断腐烂。大田期危害薯苗，地上部表现为茎蔓节间缩短，矮化，叶片发黄，干枯，地下部须根顶端或中部开始发病，局部变黑坏死后扩展至整个根部变黑腐烂，与甘薯缺素症状不同。病毒病也能造成植株矮小、叶片黄化。病毒造成的植株矮化、叶片发黄会伴随其他症状，如叶片畸形、不舒展或叶片向上卷曲。

（2）具体防治措施。

① 及时追肥。如果苗床出现症状，观察薯苗叶片的颜色及生长状况，在确定不是病害的情况下及时追施速效肥；若在大田期出现症状，对土壤养分进

行检测，有针对性地追施速效肥或有机肥，或者叶面喷洒0.2%～0.3%磷酸二氢钾溶液，补充钾肥、磷肥等，切勿过量施用氮肥，以免造成植株旺长、降低产量。

② **壮苗防病**。苗床发现症状，如根部出现褐色或黑色病斑，及时采用多菌灵、甲基硫菌灵等灌根防病，挖出已经腐烂的薯块，防止病害传播，增施腐熟有机肥，培养无病壮苗。若是病毒苗，要及时清除薯块和薯苗，观察有无蚜虫、烟粉虱等传毒介体，可采用黄板诱杀传毒介体。大田栽种时，采用高剪苗方式剪取壮苗，苗床中生长缓慢、叶片黄化的薯苗禁止带入田间。大田发病时及时拔出薯苗统一销毁，若是根腐病发病严重地块，根据生产需要更换栽种抗病品种。

为什么不提倡在甘薯生长中后期翻蔓？

长期阴雨天造成土表潮湿，接触土壤薯蔓的节间处容易产生细根，有些可以膨大成块根，许多薯农认为这会造成养分分流，为减少这种损失，传统上通过翻蔓切断这种根系，让叶片朝下，架空茎部，不使其接触地面。有关翻蔓对产量的影响，全国已有150多处试验结果，一致表明翻蔓会造成不同程度的减产。

甘薯翻蔓减产原因为：翻蔓后叶面积显著下降，并打乱了原来的叶层结构和均衡的茎叶分布，茎蔓反转后需要大约一周时间再反转过来，使得光合作用受到影响，光合作用效能降低；甘薯生长中后期茎蔓相互交织，有些往往跨过几垄，逐个分离很困难，翻蔓时容易折断茎蔓，扯掉薯叶，人为地降低了叶面积指数。另外，在中后期茎蔓多，翻蔓后必然造成茎蔓叠压，下层茎蔓无法进行光合作用，呼吸作用加强，造成养分损失。在前期可结合除草适当提蔓或翻蔓，一般在蔓长50厘米以下时进行，可促进茎蔓分枝，有利于高产。

70 为什么有的甘薯会暴筋或裂口？

（1）甘薯暴筋。有的甘薯薯块上长着像血管一样的暴筋是某些品种的特性，如遗字138、烟薯25、广薯87等甘薯品种容易暴筋。育种家在培育甘薯品种时会淘汰掉暴筋过于严重的甘薯品系，但轻微暴筋对薯块品质影响较小，如市场上目前非常受欢迎的烤甘薯品种烟薯25，它的一个显著特点就是易暴筋，有的消费者根据有没有暴筋来辨别是不是烟薯25。土壤、气候或栽培措施也影响暴筋，在沙土或半沙土地以及排水条件较好的丘陵山地暴筋相对较少。烟薯25在干旱年份暴筋较少，涝灾年份暴筋较重（图3-84）。

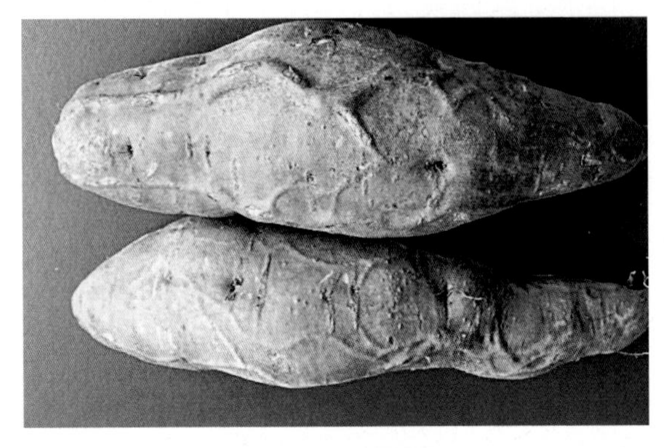

图3-84 暴筋薯块

（2）甘薯裂口。甘薯裂口是生长过程中薯块内外生长速度不一致导致的。

① 品种因素。品种是影响裂口的主要因素（图3-85），如广薯79、济农729、冀薯98为易裂口品种，南紫薯018、广薯87、漯薯11、徐紫薯8号、商薯8号为不易裂口品种。

图3-85 甘薯裂口

② 环境因素。如土壤结构、矿质元素含量、土壤含水量等。在沙土地或半沙土地及排水条件较好的丘陵地，裂口较少。在块根膨大初期干旱，后期雨水多，会明显提高裂口率。

③ 其他因素。种植密度过稀、地下害虫和甘薯病毒病也会引起裂口。

预防甘薯裂口的措施：一是选择不易裂口的甘薯品种；二是采用健康脱毒高剪苗，防止因种苗带入病虫害，在栽插和大田生产期间注意防治病虫害；三是选在沙土地或半沙土地及排水条件较好的丘陵地种植；四是尽量避开重茬，选择新地，尤其要避开病地；五是合理施肥，最好用有机肥或配方施肥，少施或不施氮肥，适当补充微量元素；六是合理密植，栽插密度宜在45000～60000株/公顷；七是在薯块膨大期适当补充水分，使土壤湿度保持在50%以上，避免干旱后突遇强水导致裂口。

71 如何确定甘薯的适宜收获期?

甘薯是块根作物，不像种子作物那样有明显的成熟期，因此也没有明确的收获期。一般情况下，确定本地区的收获期有两种方法。一是根据当地作物布局和耕作制度确定，例如甘薯的后作为小麦或油菜，其收获期要安排在后作播种适期之前。二是按照当地气候变化确定，特别是根据霜期早晚确定收获期。我国幅员辽阔，自然条件复杂，单凭霜期早晚也不能完全决定收获期，从甘薯对温度的要求的角度而言，短暂轻霜而后迅速回暖，对甘薯的危害并不太严重。

甘薯收获的适宜时期，除了南方的越冬薯，以及考虑后作整地播种需要另作安排外，一般应在当地平均气温降到15℃左右开始，至12℃时收获结束。在此范围内，再根据当地情况适当安排。在收获次序上，一般应先收春薯，以便抢时间加工切晒，后收夏、秋薯；先收种用薯，后收食用薯；先收无病害地的薯，后收一般生产地的薯。从产量、留种、加工、贮藏等各方面通盘考虑，才能达到丰产丰收的目的。

现在国内已经开发出甘薯茎蔓还田机，可将大部分茎蔓切碎，在甘薯收获时埋入土中，增加土壤有机质和营养元素。收获时甘薯茎蔓鲜重30吨/公顷左右，烘干率15%，折合干重4.5吨/公顷，干茎叶中含有15%的粗蛋白质，分解后可释放约105千克/公顷纯氮。另外，还有大量的有机质和矿质元素。在根腐病和茎线虫病严重发生地区，茎蔓还田易造成病害传播，因此不宜进行茎蔓还田。

黄淮地区大部分甘薯麦茬种植，小麦收后秸秆处理成为突出问题，秸秆焚烧易造成环境污染和火灾频发，同时损失了全部的有机质和氮元素。研究发现，甘薯起垄时将麦草均匀分散埋入土中，可起到疏松土壤、增加土壤有机质和营养元素，明显改善甘薯形状和产量的作用，连年还田还可培肥土壤。

第四章 甘薯贮藏与利用

第一节　甘薯安全贮藏

安全贮藏是实现甘薯产后增值和为企业提供初级原料的重要保障。本节重点介绍甘薯安全贮藏对环境的要求、主要的贮藏方式和贮藏技术，以及针对不同的用途如何科学贮藏。

72 甘薯冬季安全贮藏对环境的要求及贮藏方式有哪些？

（1）安全贮藏对环境的要求。甘薯在收获后贮藏期间仍然进行着呼吸作用等生理活动。影响甘薯安全贮藏的因素主要有温度、湿度、空气和病害等。

① 温度。甘薯在贮藏期间，维持薯块正常生命活动所需的最低温度为9～10℃。温度低于9℃，薯块就会受到冷害。当温度在−2℃时，薯块内部细胞间隙即结冰，组织结构受到破坏，发生冻害，迅速引起腐烂。受冷害严重的薯块，易招致一些腐生性病菌入侵，引起腐烂；受冷害轻的薯块，虽然不立即腐烂，但往往也会变得僵硬，影响食用。这种薯块如果进行温水浸种或高温催芽，则迅速腐烂，不能作种。高温同样对薯块安全贮藏不利，贮藏期间窖温长时间超过15℃，薯块呼吸作用加剧，消耗大量养分。同时高温还会促使薯块发芽，使薯块贮藏品质降低。此外，高温常伴随高湿条件，助长病害的蔓延。因此，在甘薯贮藏期间，保持适宜温度（9～15℃）是安全贮藏的基本保证。

② 湿度。湿度对薯块安全贮藏的影响与温度有关。甘薯库内空气相对湿度保持在85%～95%较好，在保持正常温度的情况下，湿度虽有些变化，对薯块的安全贮藏尚无显著影响，一旦温度超过或低于贮藏适宜温度，湿度的重

要性则明显地表现出来。温度高、湿度大，能促进薯块的呼吸作用，从而加速薯块内营养物质的分解转化，会出现糠心现象，降低甘薯品质，引起薯块发芽，同时库内产生凝结水附在薯块表面，易产生湿害。高温高湿还容易导致病菌的繁殖蔓延，从而发生病变腐烂。如果窖温偏低而湿度也低，薯块耐低温的能力相对提高，但湿度过低容易导致薯块皱缩、干尾。温度低、湿度高，则会加重薯块受冷害程度。薯窖湿度过大，保温材料吸湿过多，就会降低其保温效果，对安全贮藏不利。

③ 空气。正常的贮藏条件下，薯块进行有氧呼吸，大量吸收氧气，放出二氧化碳，使窖内氧气逐渐减少，二氧化碳浓度有所增加，适量二氧化碳可以抑制呼吸作用，减少养分消耗，但二氧化碳浓度过高则会使薯块因缺氧而进行无氧呼吸，发生腐烂。甘薯块根有氧呼吸转为无氧呼吸的临界含氧量约在4%左右。正常高温处理中以氧气含量不低于18%、二氧化碳含量不超过3%为宜。因此，甘薯在贮藏前期，不能过早封窖，贮藏期间也必须适当通风。

④ 病害。甘薯在贮藏期间发生腐烂，大多与病害相关。甘薯贮藏期病害的发生和蔓延，与收获、贮藏工作的质量有密切的关系，可通过收获时防止破损、入库前剔除破损和带病薯块、入库后进行高温处理等措施来预防。

（2）贮藏方式。我国南北方气候差异巨大，甘薯贮藏方式千差万别。在北方，甘薯收获后就进入冬季，预防低温冻害成为关键，一般都要建立保温性能良好的贮藏库。比如，河北一带在大棚里建造地窖贮藏比较理想，辽宁及内蒙古等地有些农民利用自家火炕贮藏甘薯也很成功。在黄淮一带冬季温度不是太低，保温措施相对简单，有多个生产大户利用大棚贮藏，有很高的成功率。一般大棚加盖3层塑料薄膜，两层草毡，单个可贮藏几十至几百吨，冬季注意及时清理积雪，防止暴雪将其压垮。长江以南地区冬季温和，可以利用普通民房贮藏。华南地区一般种植冬薯，收获后往往面临高温萌芽，准备长时间贮藏时需要适当降温，延缓甘薯生理活动。

73 甘薯采后贮藏保鲜技术有哪些？

甘薯收获期集中，块根水分含量高达70%左右，皮薄，易受到机械损伤，易受病菌侵害而发生黑斑病、软腐病等常见病害，若存放不当容易引起腐烂，失去商品价值和食用价值；甘薯采后无生理休眠期，收获时，块根周皮下已分化形成大量潜伏的不定芽原基，只要在适宜的外界环境（16～35℃）下就能萌芽，虽然甘薯发芽过程不会产生毒素而引起食品安全问题，但是发芽会使甘薯外观及内在化学成分发生变化，对甘薯的加工性能及食用品质带来不利的影响。因此，甘薯的有效贮藏是取得良好经济效益的关键所在，若能延长贮藏时间和销售期限，尤其是对于鲜食类甘薯，可大大提高甘薯种植效益。目前甘薯采后贮藏保鲜技术主要有窖藏、气调贮藏、物理方法处理、化学药剂处理等。

（1）窖藏。窖藏是目前最主要的甘薯贮藏方式。传统保鲜窖存在窖内温湿度控制不稳定、操作技术落后、窖内排水困难等诸多问题，导致贮藏的时间较短，贮藏过程中烂薯与发芽的现象比较突出。针对这些问题，有研究人员对传统保鲜窖进行改进并增加臭氧处理管道，臭氧能够杀灭甘薯自身携带的有害病菌，达到使甘薯“发汗期”时间缩短至8天、低温时无冻害、窖温回升时无菌害的保鲜效果，好薯率达到98.8%。通过科学建造甘薯保鲜窖、对薯窖进行严格消毒、适时收获、挑选薯块、灭菌处理、科学堆放、加强甘薯窖藏期间管理等措施，可延长甘薯保鲜期。

（2）气调贮藏。气调贮藏是通过调整贮藏环境中的气体成分、比例及环境温度、湿度，从而延长贮藏寿命的一种技术。有研究人员将气调技术用于甘薯贮藏，研究认为甘薯在温度为12℃，二氧化碳含量为5.0%，氧气含量为8.0%，相对湿度为90%的条件下可贮藏150天，甘薯感官检验仍新鲜，未发现有发芽、软腐、糠心等现象。

（3）物理方法处理。物理方法处理包括辐射处理、温度处理、臭氧处理等。研究发现γ射线辐照能有效抑制甘薯发芽，并且不改变甘薯的糖、维生素C、β-胡萝卜素等含量及硬度，但目前存在辐照资源紧张、操作不便、运输成本高等难题。热处理作为一种物理保鲜技术，已在多种果蔬上广泛应用，目前热处理抑芽机理尚不清楚，推测有可能是高温破坏了薯块的中柱鞘或韧皮部的薄壁细胞从而实现抑制甘薯萌芽。

（4）化学药剂处理。用化学药剂对甘薯进行适当处理，可以有效抑制甘薯薯块萌芽。这类化学物质包括植物生长调节剂、植物精油等提取物及其他合成化学物质等。植物生长调节剂常用的有脱落酸、水杨酸、乙烯、萘乙酸甲酯等。植物提取物抑芽主要是利用从植物中提取出的香芹酮、茉莉酸甲酯、薄荷醇等物质，此法提取成本较高，并不适于商业应用。其他合成化学物质，如氯苯胺灵（CIPC）等，可有效地抑制植物发芽。CIPC属于低毒性物质，萘乙酸甲酯会对甘薯品质产生不良影响，而乙烯利（外源乙烯）成本低，安全性好，可商业化批量生产。有研究表明，以1克/升（质量与气体空间体积比）乙烯利处理甘薯，可达到较好的抑芽效果，并保持甘薯品质。有人分别用1克/升外源乙烯和50℃热水处理甘薯，研究两种处理技术对25℃贮运温度下甘薯发芽率和品质的影响，以利于商业上针对不同情况做出更好的选择。结果表明，乙烯处理在抑制甘薯发芽、腐烂等方面效果要优于热处理组，而热处理组在减缓甘薯中维生素C含量降低速度，降低呼吸速率，保持多酚氧化酶、过氧化物酶活性稳定等方面表现突出。除此之外乙烯处理组还能够促进甘薯淀粉向可溶性糖的转化。两种处理组都能抑制甘薯的发芽并使甘薯保持较好的品质，但乙烯处理组在抑芽方面效果更明显，在品质保持方面稍劣于热处理组。

甘薯采后保鲜技术有多种，这方面的研究近年来才发展起来，尚需进一步深入研究。相信随着研究的不断深入，一定能给广大用户提供实用、科学的甘薯保鲜技术，提高甘薯种植效益。

74 如何收获甘薯更利于贮藏？

甘薯进入收获期，如出现持续降雨，田间土壤湿度增大，适宜各种微生物繁殖生长，同时，薯块长时间浸置于潮湿土壤，呼吸速率降低，收获后薯块自身抗性与适应环境能力有相当程度的下降，不利于甘薯贮藏。

以气候条件确定甘薯适宜收获期。一般在霜降来临前、日平均气温15℃左右开始收获为宜（图4-1），先收春薯后收夏薯，先收种薯后收食用薯，至日平均气温12℃时收获基本结束。如果收获期过晚，甘薯在田间容易受冻，为安全贮藏带来困难；收获过早，由于外界温度过高，入库时高温愈合后库温难以降到合适的温度，容易腐烂。收获应选择晴暖天气，上午收挖晾晒，尽量当天下午全部入窖，如当天不能入窖，须堆起覆盖过夜，以防甘薯受冻。

图4-1　大田收获

甘薯在收获后贮藏期间仍然进行着呼吸作用等生理活动。贮藏期间要求环境温度在9～15℃，相对湿度控制在85%～95%，还要有充足的氧气。温度长时间低于9℃时容易造成甘薯细胞壁中的果胶分离析出，继而坏死，形成软腐；而温度高于15℃时生命活动加强，容易生根萌芽，造成养分大量消耗，出现糠心，同时病菌的生活力上升，容易出现病害。相对湿度超过95%，影响表层生理活动，利于病菌滋生，易感染病害；湿度过低，薯块失水多，重量减轻，口感变差。

充足的氧气也很重要，能够满足薯块呼吸作用的需求，保持旺盛的生命力。有很多甘薯软腐是由缺氧引起的，而氧气含量不容易测定，给贮藏管理带来困难。农村地窖的通风性差，呼吸作用产生的二氧化碳积聚在底层，容易造成大面积腐烂，此时若同时发生冻害，则更容易坏烂。因此不管采用何种贮藏方式在管理上都要注意通风。

75 甘薯贮藏库（窖）的类型和建造方法有哪些？

不同地区有不同甘薯贮藏库（窖），有地上高温愈合大屋窖（图4-2）、地下或半地下贮藏窖（图4-3）、日光节能型越冬贮藏库（图4-4）、华北平原井窖（图4-5）、简易大棚越冬贮藏库（图4-6），以及现代智能甘薯贮藏

库（图4-7）等类型，也有利用当地山体条件构建的贮藏库，如安徽明光山芋城堡（图4-8）。但仍以利用地上保温贮藏库与地下或半地下窖进行贮藏为主。

图4-2　地上高温愈合大屋窖

图4-3　地下或半地下贮藏窖

图4-4　日光节能型越冬贮藏库

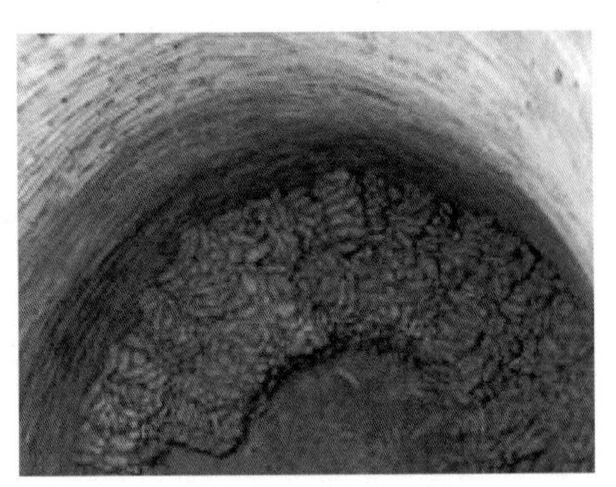

图4-5　华北平原井窖

图4-6　简易大棚越冬贮藏库

图4-7　现代智能甘薯贮藏库

图 4-8　山芋城堡

北方薯区地下水位低，土壤干燥，有以地下窖或半地下窖贮藏甘薯的习惯。地下窖优点是保温保湿性好，保持薯块皮色鲜艳，建造方便，维护成本低；缺点是湿度大、无法进行温湿度调节、透气性差、管理困难等。

规模种植的农户和良种繁育基地要考虑建造地上贮藏库。地上贮藏库的特点是方便出入、装卸，易进行高温愈合及日常管理，可随时通风换气、保持库内空气新鲜，能够较好地保证薯块质量。

地上贮藏库可新建或利用旧房进行改造，需进行保温处理，一般在房子内部增加一层单砖墙，新墙与旧墙的间距保持10厘米，中间填充稻壳或泡沫板等阻热物，上部同样加保温层；与门相对处留有小窗便于通风，最好用排气扇进行强制通风；入口处要增加缓冲间，避免大量冷热空气的直接对流；贮藏时地面要用木棒等材料架高15厘米，以避免甘薯直接接触地面；地上贮藏库的向阳面可搭盖温室或塑料大棚，在冬季可利用棚内热空气对甘薯堆加热，即利用鼓风机将棚内热空气吹向室内，将室内的冷湿空气交换出来，既起到保温作用，又能保持空气新鲜，减少杂菌污染，促进软腐薯块失水变干，不让其腐液影响周围健康薯块。

改良的简易大棚越冬贮藏技术为种植大户提供了简易低成本的安全贮藏方法。具体做法是在现有大棚内搭建小棚，小棚覆盖保温被，做到外棚透光取暖，内棚保温避寒，用风机实现自动控制通风换气，贮藏条件优于地下窖和大屋窖。

76 鲜食型甘薯、淀粉型甘薯和种薯的贮藏有什么不同?

甘薯的收获物为块根，体积大，含水量大，易受机械损伤、感染病菌或受冷害而发生腐烂。所以在收获和贮藏过程中应该注意适时收获、避免损伤、剔除破损和带病薯块，及时入库，安全贮藏。甘薯可以根据用途不同相应安排收获和贮藏时间。淀粉型甘薯可以根据气候情况收获，北方薯区一般在当地平均气温降到12～15℃时收获完成较好。淀粉型甘薯要尽量缩短鲜薯贮藏时间，因为贮藏过程中淀粉会分解成可溶性糖，降低淀粉产量。因此淀粉型甘薯可边收获边加工淀粉，或者晒干后贮藏。鲜食型甘薯要抢上市时机，可以根据市场行情适时收获，收获后可以直接上市或进行周年贮藏、分批上市。种薯一般要在霜降前5～7天收获入库，以防冻害。

鲜食型甘薯和种薯贮藏时要注意温度、湿度管理以及通气、防病。

77 甘薯贮藏期间腐烂和长毛的原因及防治措施有哪些?

(1)腐烂和长毛原因。甘薯贮藏期间薯块腐烂、变软，薯皮破损后流出黄色黏液，有酒香味，整个薯块呈水渍状，薯皮上有白毛或黑毛状菌丝，一旦发病，整窖迅速扩展蔓延，主要是由接合菌亚门、接合菌纲、毛霉目、毛霉科、根霉属多种病菌（常见病原为黑根霉菌、匍枝根霉菌）引起的甘薯软腐病造成的。该类病菌一般从伤口侵入，贮藏窖贮藏前消毒不彻底，薯块损伤、冻伤，易于病菌侵入，相对湿度高时，在甘薯表面产生黑色或白色霉层，为病菌孢子囊，内有孢囊孢子，病组织产生孢囊孢子借气流传播，进行再侵染。发病的最适温度15～23℃，有水滴处易发病。

甘薯窖中还有种腐烂是由甘薯黑斑病、干腐病、端腐病及黑痣病等造成的，一般病薯块不变软，在病斑处或者甘薯两端缢缩失水，切开后，看到褐色或黑色坏死斑。甘薯黑斑病与甘薯黑痣病主要是田间收获后薯块带菌产生病斑后，在贮藏期继续发病。甘薯干腐病、端腐病是由镰刀菌引起的病害，也是贮藏期主要病害之一，发病初期，薯皮不规则缢缩，皮下组织呈海绵状，淡褐色，后期薯皮表面产生圆形病斑，黑褐色，稍凹陷，边缘清晰。

（2）防治措施。

① **薯窖消毒处理。** 入窖前，将旧甘薯窖清扫洁净，去除前一年残留的甘薯病残体，必要时将窖壁刨去一层土，然后旧窖采用硫黄、56%磷化铝片剂1～4片/米^{2}进行熏蒸，去病去虫，密闭两天后，打开窖口充分通风后再使用。还可用36%甲基硫菌灵悬浮剂500～600倍液、50%多菌灵可湿性粉剂600倍液，进行喷雾后即可使用。

② **适时收获、及时入窖。** 入窖甘薯一般要在当地旬平均气温12～15℃、降霜之前收获为宜，避免薯块受冻和产生伤口，减少病菌侵染机会。温度过低或伤薯过多，甘薯入窖后可采取高温愈合进行处理，即用1～2天加温到平均堆内温度34～37℃，持续96小时，再用1～2天恢复到正常贮藏温度（9～15℃），及时通风排湿，保持贮藏温度9～15℃，相对湿度85%～95%。

③ **健康薯块入窖。** 入窖时要精选健薯，剔除病薯、伤薯、冻薯，减少病原菌侵染。在收获、运输、贮藏时，尽量轻拿轻放，防止薯块损伤。

④ **加强薯窖管理。** 甘薯入窖后要加强温度、湿度及通风管理，因为甘薯贮藏前期，外界气温高，种薯呼吸作用强，窖温容易升高，并能导致病害蔓延发展。可打开门窗和通气孔进行降温散湿，以达到安全贮藏的目的。贮藏后期排种前，气温、地温回升，但经长期贮藏的种薯生理机能差，极易受甘薯软腐病的危害，管理上应以稳定窖温、适当通风换气为主，保持窖温在11～13℃。

第二节　甘薯鲜食利用

甘薯无论是薯块还是地上部茎叶，都有丰富的营养成分，本节重点介绍不同肉色甘薯及菜用型甘薯的主要营养价值，以及鲜食型甘薯如何利用，指导消费者根据自身的身体状况，合理利用和消费甘薯。

黄肉、红肉和紫肉甘薯有什么营养价值?

甘薯含有丰富的营养，可为人体提供必需的重要营养成分。据《本草纲目》记载，甘薯性平味甘，无毒，具有生津止渴、补脾益气、宽肠通便等功效。甘薯薯块中富含糖类，包括淀粉、可溶性糖和部分膳食纤维等，相较于米面，甘薯中的膳食纤维具有促进消化作用；甘薯蛋白含有18种氨基酸，其中人体必需的8种氨基酸含量高于许多植物蛋白，其生物价值（衡量食物中蛋白质营养质量的一项指标）评分为72，高于马铃薯（67）、大豆（64）和花生（59），且苏氨酸含量远大于米面，并富含米面中比较稀缺的赖氨酸，具有较高的营养价值。此外，甘薯块根贮藏蛋白还具有一定的保健作用；甘薯还含有米面缺乏的维生素C和维生素E；甘薯中钙、镁、钾等元素含量也较高，可有助于维持血液和体液的酸碱平衡、水分平衡与渗透压的稳定。甘薯还含有很丰富的活性物质，比如脱氢表雄酮有增强免疫的功效，黄酮类和多酚类活性物质具有一定的抗氧化作用。黄酮类和多酚类的种类和含量因薯肉颜色不同而不同，总的来说紫肉>红肉>黄肉>白肉。

黄肉和红肉甘薯的块根内含有大量脂溶性的类胡萝卜素，呈现黄色至橘红色的肉色，通常红肉甘薯β-胡萝卜素含量更高。以β-胡萝卜素为代表的多种类胡萝卜素能够在人体内转化成维生素A，因此被称为维生素A原。维生素A是视网膜表面的感光物质的构成成分之一，可增加眼角膜的光洁度，有效地抑制夜盲症、干眼症、角膜溃疡症以及角膜软化症等疾病的发生，而缺乏维生素A会引起眼睛干涩，夜晚视力模糊，形成夜盲症、眼干燥症等。β-胡萝卜素可以用于治疗由于日光暴晒引起的日光性皮炎；β-胡萝卜素还能够帮助经常在暗室、强光、高温或深水环境工作的人抵抗不良环境。国际上一直致力于培育及推广高β-胡萝卜素甘薯，用以干预防治贫困地区人口的维生素A缺乏症，目前已经取得了良好的效果。

紫肉甘薯含有较为丰富的花青素。花青素是自然界中植物体内一类广泛存在的水溶性天然色素，有抗氧化和清除自由基的功能。花青素还属于天然的食品添加剂，并且随着健康意识的提高，人们对这种食品添加剂越来越追捧。紫肉甘薯黄酮类和多酚类营养物含量均大于其他肉色品种，因此具有更强的抗氧化和抗炎作用，紫肉甘薯已经成为人们首选的食用保健甘薯类型。

79 甘薯茎尖和叶片有什么营养价值？

甘薯茎尖和叶片被称为“蔬菜皇后”“长寿菜”和“抗癌蔬菜”，深受人们喜爱（图4–9），种植效益也相当可观。甘薯茎尖和叶片含有丰富的蛋白质、维生素、矿物质等营养成分，此外膳食纤维、多酚类物质以及脂肪酸含量也非常丰富。

图4–9　甘薯茎尖

甘薯茎尖和叶片中蛋白质含量高于许多常见蔬菜，是大白菜的2倍。且氨基酸种类有18种，种类较齐全。

甘薯茎尖和叶片含有丰富的类胡萝卜素和维生素，如β–胡萝卜素、维生素B_2、维生素C和维生素E。其中，β–胡萝卜素含量与其他绿叶蔬菜含量相当；维生素B_2含量与菠菜相当，含量较高；维生素C含量在常见蔬菜中位居前列，远高于空心菜、白菜、莴苣等；维生素E含量与菠菜及韭菜相近。

甘薯茎尖和叶片富含矿物质，其中钾含量最高，其次为钙、镁、钠，还含有铁、锰、锌、铜等微量元素。甘薯茎尖和叶片中钾等元素的含量居于前列，高钾/钠比值对高血压和动脉硬化有一定的预防作用。

甘薯茎尖和叶片中的膳食纤维，主要由纤维素和半纤维素组成，与常见的高膳食纤维蔬菜——菠菜的含量相当，是芹菜的2倍。因此，甘薯茎尖和叶片可以作为优质的膳食纤维来源。甘薯茎尖和叶片膳食纤维中可溶性膳食纤维占9%左右，通常具有黏性，具有一定的降糖、降脂等保健作用。

甘薯茎尖和叶片中含有较多的抗氧化多酚类物质，70%以上是绿原酸及其衍生物，另有10%～20%为黄酮类化合物。多酚类物质含量高于薯块，是菠菜、洋葱等蔬菜的2～3倍。

甘薯茎尖和叶片中脂肪酸主要以α–亚麻酸、棕榈酸、亚油酸和月桂酸为

主，α-亚麻酸是人体必需脂肪酸，亚油酸对心血管也有一定益处。

80 怎样食用甘薯更科学？

（1）甘薯可以作为主食。 甘薯富含淀粉，可以作为主食开发利用。由于个体的差异，消化功能不好的人群不宜多食。

（2）吃甘薯能减肥。 甘薯与同等重量的煮熟的米饭和面条相比热量稍低。甘薯作为淀粉类食物，含有的糖类很多，其中的抗性淀粉因不被吸收，容易让人产生饱腹感，相比高糖高能量的饮料、零食以及肉类来说，不容易摄入过量，实际上是一种理想的减肥食品。甘薯中较多的膳食纤维在食用后可加快消化排泄，可减少有毒物质对消化系统的不良刺激，膳食纤维还具有阻止糖分转化为脂肪的特殊功能，减少胃、肠等癌症的发生，对治疗便秘、帮助减肥有一定的效果。

（3）甘薯合适的食用量。《中国居民膳食指南》指出食物要多样化，以谷类为主，粗细搭配，多吃蔬菜、水果和薯类。推荐每日谷类、薯类及杂豆的摄入量为250～400克，糖类所提供的能量达到50%～60%。

（4）糖尿病患者可以食用甘薯。 因为甘薯中的糖类在人体胃肠道的吸收速度非常缓慢，是一种低血糖生成指数食物。米饭的血糖生成指数为84，甘薯为55。甘薯中的膳食纤维与淀粉等糖类交联，延缓其吸收，故餐后血糖升高慢，起到降糖作用；此外甘薯熟化后主要含有的是麦芽糖，麦芽糖仍需进一步分解成葡萄糖等，短时间内也不会引起血糖升高。但是糖尿病患者还是要遵循少食多餐、适当运动的原则，有助于降低血糖。

81 为什么有的人食用甘薯后会胃酸胀气？

淀粉在胃中消化的过程中会产生酸性代谢产物，刺激胃酸分泌。一般情况下，吃甘薯不会引起胃部不适。消化功能不好的人，空腹食用或吃得太多，才会引起食管反流，产生“烧心”的症状。不能被小肠吸收的抗性淀粉、不溶性膳食纤维，经肠道菌群发酵后会产生大量气体蓄积在肠道中，会引起胃肠胀气。此外，生甘薯中的淀粉不经高温蒸煮糊化，更加难以消化，既刺激胃酸分泌又容易引起肠道胀气。日常生活中最好食用熟甘薯，少吃生甘薯。有胃肠道疾病的人，比如胃溃疡、胃酸过多等，熟甘薯也不宜多食，建议少于50克/天。其实除了甘薯，大米、小麦、玉米、马铃薯、木薯、山药、各种豆类等，以及香蕉等含淀粉较多的水果，都是淀粉类食物，消化功能较弱的人群多吃都会引起胃肠不适，控制食用量是减少反酸胀气的关键。

82 甘薯鲜食利用的方式和对品种的要求有哪些？

鲜食型甘薯品种薯肉颜色有橘红色、黄色、紫色等，有的消费者也喜欢食用白肉甘薯。鲜食甘薯一般要求薯形纺锤形或长纺锤形，大小适中、薯皮光滑、无裂口。甘薯鲜食主要利用方式有蒸煮和烘烤。蒸煮型品种要求烘干率中等偏上，食味香、绵、甜，大多选用紫肉、黄肉和橘红肉品种。烘烤型品种要求烘干率略低，食味香、甜、软、糯，没有纤维（图4-10），大多选用橘红肉和黄肉品种。烘干率高的品种在烤制过程中容易裂皮，影响商品性。

图4-10　烘烤甘薯

甘薯的食用方法还有很多，如拔丝甘薯、紫薯花卷、紫薯馒头、紫薯面条、甘薯排骨、甘薯粥、炸甘薯条、甘薯圆子等。

为什么吃甘薯建议去皮？

大家对甘薯的认识实际上首先是从甘薯皮开始的，现在市场上销售的甘薯有红皮、黄皮、紫皮、白皮等，甘薯皮作为甘薯加工的副产品，含有丰富的纤维素、半纤维素、维生素、矿物质以及色素，这些成分的提取不仅能增加甘薯加工产品的附加值，还可以减少其废弃物对环境造成的污染。同时甘薯皮可以用于乙醇发酵，减少粮食的消耗，提高经济和社会效益。

吃甘薯时建议去皮，主要是由于甘薯皮含有较多生物碱，食用后会导致胃肠不适，容易加重肠胃负担。街边售卖的碳烤甘薯，由于卫生及安全问题，建议去皮食用。薯皮上有褐色、黑褐色、黑色斑点，并且闻起来有一股苦味的甘薯，主要是感染了黑斑病等，斑点周围会产生甘薯酮、甘薯酮醇等有毒物质，误食后会对人体肝脏、肺等器官造成伤害，引起中毒，轻者引起恶心、呕吐、腹泻，重者可能引起肝衰竭，甚至导致死亡，建议大家挑选时避开这些感病甘薯。

发芽的、感染病毒病的、有黑斑的、发苦发硬的薯块还能食用吗？

（1）发芽的甘薯可以食用。我们都知道发芽的马铃薯不能吃，那么发芽的甘薯能食用吗？可以肯定地说，发芽的甘薯是可以食用的。马铃薯属于茄科茄属植物，它含有龙葵素这种毒素，正常的马铃薯龙葵素含量很低，对人体不会造成危害，但发芽的马铃薯龙葵素的含量会激增,容易引起中毒。甘薯是旋花科番薯属植物，发芽后并不会像马铃薯一样产生对人体有害的成分，只要将薯块上长的芽去掉，是可以吃的。但有一点大家要注意，甘薯萌芽会消耗甘薯块根所贮藏的养分和水分，使得甘薯品质降低，吃起来不仅口感不好，发芽严重还会导致薯块萎缩糠瘪，最终丧失食用价值。

甘薯贮藏、加工过程中蛋白质含量的高低是衡量其营养品质的一项重要指标。研究发现，甘薯发芽后，淀粉、蛋白质及总酚等化合物含量随发芽程度的加剧而减少。新鲜甘薯中的可溶性蛋白质含量为6.3%左右，甘薯的芽体长度达到0.5厘米以上时，可溶性蛋白质含量较新鲜甘薯显著降低。当芽体长度全部超过1.0厘米时，可溶性蛋白质含量降幅可达27.0%左右。可见发芽对甘薯中的蛋白质含量影响较大。

（2）感染病毒病的甘薯一般可以食用。甘薯病毒病是甘薯上一类重要病害，广泛存在于世界各甘薯产区，甘薯的无性繁殖使得病毒在体内大量繁殖积累，从而造成种性退化，产量和品质降低。据研究，感染病毒病的植株，块根品质和产量下降，易感品种产量降幅达50%以上，一般品种降幅为20%～30%。感染病毒病的薯块一般是能够食用的，因为以目前的认知水平来看，植物病毒一般不会对人类造成危害。病毒的寄生具有高度的专一性即种属特异性，从分子生物学角度来讲，病毒要寄生在某个细胞内，这个细胞就必须具有这个病毒的特异性受体，病毒通过这个受体才能进入细胞寄生。植物和人之间物种差异太大，一般不可能具有相同的受体，即不可能相互感染。感染植物的病毒不会感染人或者其他动物，感染动物的病毒也不会感染植物。因此，感染病毒病的薯块和感染病毒病的番茄、黄瓜一样，是可以食用的，可能在食用品质上会有所下降。

（3）有黑斑的、发苦发硬的甘薯慎食。一般来说，薯块上出现黑斑、发苦发硬，是因为甘薯感染了黑斑病。甘薯黑斑病是由甘薯长喙壳菌引起的真菌性病害，甘薯受病原真菌甘薯长喙壳菌感染后，会产生对人、畜具有毒性的呋喃萜类毒素，主要为甘薯酮（Ipomeamarone），以及甘薯酮醇（Iipomeamaronol）、甘薯因（Iipomeanine）、4–甘薯醇（4–Ipomeanol）等。甘薯酮和甘薯酮醇是肝毒素，甘薯因和4–甘薯醇为肺毒素，而且这类毒素即使经水煮火烤，其生物活性也不会被破坏。食用后多在24小时内发病，出现恶心、呕吐、腹泻等胃肠道症状，严重的还会发高烧、头痛、气喘、神志不清、呕血、昏迷甚至死亡。有文献报道儿童食用感染黑斑病甘薯中毒的病例以及食用感染黑斑病甘薯或其加工产品薯干、薯粉、薯渣等引起牲畜中毒发病的案例。动物中毒后表现为精神沉郁，口中流出白沫，不吃食，腹部胀满，有的便秘，有的腹泻，呈腹式呼吸，喘气声较响，呼吸困难，脉搏不均匀，有痉挛症状，走不稳路，严重的很快死亡。剖检可见肺膨大，有水肿和块状出血，切开后流出较多的血色液体和泡沫。还会发生肝、肾、脾出血，心脏冠状沟出血，胃肠道出血性炎症。

那么感染黑斑病的甘薯到底能不能吃呢？病斑及周围发褐的部分绝对不能

吃。科研人员对感病薯块病斑及其周围组织的毒素含量做了测定，结果发现距离病斑周围发褐的组织5毫米的正常薯肉处，未检测到甘薯酮等毒素。因此建议最好不要食用感染黑斑病的薯块，也不要将其作为饲料，但由于甘薯黑斑病是甘薯上常见的贮藏性病害，当薯块仅有少量很小的病斑，且感染薯块数量大，为避免浪费、减少损失，一定要食用或者饲用时，必须彻底去除病斑及周围发褐的部分，并去除周围至少1厘米看起来正常的薯肉。

85 甘薯用哪种方法烹饪营养价值更高？

（1）甘薯熟食更健康。甘薯生吃健康吗？不能一概而论。一般的甘薯品种，淀粉含量高，糖分含量低，生吃时口感不好，而且淀粉外围的细胞膜未经高温破坏，不易被人体消化吸收，食后使人产生腹胀感，所以一般不建议生吃。但也有研究发现甘薯在加热过程中一些具有生物活性的功能成分如花青素和胡萝卜素等会遭到破坏而损失。近年来风靡市场的水果型甘薯，最大限度地保留了这些功能成分，同时解决了生食不易消化的问题，其特点是水分足、甜度高、肉质脆、具水果风味，是一种宜生吃的甘薯类型。

（2）蒸煮和微波烹饪更好。随着生活水平提高，人们保健意识越来越强，不但要求食物味道好，还希望烹饪后可以保存更多的营养物质。不同的烹饪方式对食物中的营养成分的影响是不同的，直接影响食物中不同营养成分的流失量。甘薯是目前公认的健康食品，很多人都喜欢吃，并开发出很多以甘薯为原料的食谱，甘薯粥、甘薯饼、拔丝甘薯、奶香甘薯球、炸薯条、烤甘薯等等。甘薯烹饪方式多种多样，蒸煮炸烤样样俱全。有研究比较了不同薯肉色（白色、黄色、橙色、浅紫色和深紫色）的甘薯品种的酚类、类胡萝卜素含量和抗氧化活性，结果发现所有熟制甘薯的总酚含量、单体花色苷含量、总类胡萝卜素含量、1,1-二苯基-2-三硝基苯肼（DPPH）自由基清除能力和总抗氧化能力均显著降低。在相同加热时间下，蒸有利于总酚含量的保留，烘烤有利于保留花色苷，煮有利于类胡萝卜素的保留。有研究以龙薯9号为材料，通过测定甘薯中的总酚、还原糖、抗性淀粉、慢消化淀粉、快消化淀粉、蛋白质、β-胡萝卜素含量的变化，研究蒸、煮、微波3种烹饪方式下甘薯中营养成分的变化规律，结果表明：煮和微波均可以较好地保留甘薯的营养成分，有利于人体吸收更加充分的营养，其中，微波更佳。木泰华等（2019）研究了煮、蒸、微波、烘烤、油炸等工艺对普薯32的主要成分、类胡萝卜素含量和抗氧化活性的影响，结果表明，煮和蒸有利于保持橘肉品种的类胡萝卜素含量和抗氧化活性（表4–1）。烤甘薯的香味特别吸引人，这是因为在烘烤的过程中，发生美拉德反应（是指氨基酸和蛋白质等氨基化合物与还原糖类羰基化合物之间的非酶褐变反应）、焦糖化反应（指糖类受150～200℃高温影响发生降解作用，降解后的物质经聚合、缩合生成黏状的棕色至黑色物质的过程）及烘烤的高温使许多香味物质释放，这些都可以使烤甘薯生色增香。有研究者对目前深受大众喜爱的鲜食品种烟薯25的烘烤条件进行研究，结果表明，烟薯25最佳焙烤条件为：焙烤时间40分钟，焙烤温度235℃，转速40转/分，得到的甘薯还原糖和维生素C含量分别为477.9克/千克（干重）和602.5毫克/千克（干重）。

表4-1　不同加工方式和时间对甘薯类胡萝卜素含量（干重）的影响

烹饪方法	时间/分钟	类胡萝卜素含量/(微克/克)		
		β-胡萝卜素	(9Z)-β-胡萝卜素	α-胡萝卜素
生薯	0	(152.09 ± 2.07) a	(1.39 ± 0.01) g	(0.78 ± 0.01) a
煮	15	(135.83 ± 23.83) ab	(5.18 ± 0.70) cde	(0.77 ± 0.01) ab
	25	(97.57 ± 18.46) bcd	(5.68 ± 0.01) bcde	(0.74 ± 0.01) abc
	35	(113.43 ± 15.52) bc	(6.37 ± 1.75) bcd	(0.75 ± 0.09) abc
	45	(84.11 ± 3.76) cd	(6.45 ± 0.33) bcd	(0.69 ± 0.00) cdefg
蒸	15	(112.27 ± 13.66) bc	(3.72 ± 0.01) defg	(0.69 ± 0.00) cdefg
	25	(86.39 ± 3.30) cd	(4.65 ± 0.22) cdef	(0.70 ± 0.01) cdef
	35	(98.35 ± 5.74) bcd	(4.89 ± 0.50) cdef	(0.72 ± 0.00) bcd
	45	(107.70 ± 11.04) bc	(6.71 ± 0.41) bcd	(0.65 ± 0.00) defgh
微波	15	(106.56 ± 25.84) bc	(2.95 ± 1.79) efg	(0.64 ± 0.03) fgh
	25	(62.23 ± 27.39) de	(5.06 ± 0.58) cdef	(0.63 ± 0.02) ghi
	35	(84.53 ± 0.45) cd	(4.21 ± 0.23) defg	(0.71 ± 0.00) cde
	45	(86.13 ± 8.83) cd	(5.42 ± 0.42) bcde	(0.70 ± 0.01) cdef

（续）

烹饪方法	时间/分钟	类胡萝卜素含量/(微克/克)		
		β-胡萝卜素	(9Z)-β-胡萝卜素	α-胡萝卜素
烤	15	(96.30±42.18) cd	(2.88±2.09) efg	(0.62±0.02) ijk
	25	(62.79±19.81) de	(2.06±0.50) fg	(0.65±0.04) efgh
	35	(75.17±13.65) cd	(3.91±0.00) defg	(0.65±0.00) efgh
	45	(75.65±9.88) cd	(4.42±0.19) defg	(0.64±0.00) fgh
油炸	1	(35.55±2.97) ef	(4.32±3.01) defg	(0.70±0.39) cdef
	1.5	(33.76±2.21) ef	(7.67±0.71) bc	(0.59±0.00) hij
	2	(24.35±0.97) f	(8.39±0.41) b	(0.56±0.00) j
	2.5	(19.15±9.48) f	(12.87±3.48) a	(0.57±0.00) ij

资料来源：木泰华，2019。

注：同列数据后无相同小写字母表示差异达5%显著水平。

研究表明：不同烹饪方式对甘薯中的营养成分的影响各有不同，油炸对甘薯的营养成分破坏最大，日常中不建议经常采用。可以根据鲜食甘薯品种的不同来选择，如烘干率中等的橘肉品种可以采用蒸煮的方式，烘干率低的橘肉品种可以采用微波的方式，紫肉品种可以用烘烤的方式来烹饪。大家可以根据自己的需求选择不同的烹饪方式。

为什么说甘薯是健康食品？

甘薯因其具有产量高、耐瘠薄、适应性广及营养丰富等特点广泛应用于食品工业、轻化工业和饲料工业，成为世界第八大粮食作物。甘薯可食用的部分包括地下部的块根以及地上部的茎叶。中医理论认为，甘薯块根味甘、性平、微凉，入脾、胃、大肠；补脾益胃，生津止渴，通利大便，益气生津，润肺滑肠；叶味甘、淡，性微凉，入肺、大肠、膀胱；具有润肺，和胃，利小便等功效，因此说甘薯是健康食品。

甘薯块根是甘薯主要的营养贮藏器官，营养丰富，富含糖类、膳食纤维、维生素和矿物质等，可作为人们日常饮食中主要的能量来源，在食品加工行业或工业生产中是主要的淀粉资源。与水稻、玉米等谷物淀粉相比，甘薯淀粉中抗性淀粉的含量较高。抗性淀粉是指在小肠中不能被酶解，但在人的大肠、结肠中可以作为底物，与挥发性脂肪酸发生发酵反应的淀粉，有时也被认为属于膳食纤维的一种。其性质类似溶解性纤维，具有一定的瘦身效果，近年来开始受到爱美人士的青睐。另外，这种淀粉较其他淀粉难降解，在体内消化缓慢，吸收和进入血液都较缓慢。富含抗性淀粉的食品能够较显著地改善人体健康状况，预防病原菌感染，在很多疾病的治疗过程中也能起到积极的辅助作用，比如肠炎、结肠癌、糖尿病以及慢性肾病等。甘薯块根中含有的膳食纤维等成分多于其他作物的贮藏器官。膳食纤维是指能抗人体小肠消化吸收，而在人体大肠部分或全部发酵的可食用的植物性成分、糖类及其类似物的总和。膳食纤维是健康饮食中不可缺少的，在保持消化系统健康方面扮演着重要的角色，同时摄取足够的纤维也可以预防心血管疾病、癌症、糖尿病以及其他疾病。膳食纤维还可以清洁消化壁和增强消化功能，稀释食物中的致癌物质和有毒物质并加速其移除，保护脆弱的消化道和预防结肠癌。膳食纤维还能够减缓消化速度和最快速排泄胆固醇，所以可让血糖和血液中的胆固醇控制在最理想的水平。另外，甘薯块根中除含丰富的糖类物质之外，一般还含有占其干重1.2%～10.0%的蛋白质，其中80%以上是分子量25000的可溶性蛋白质，被称为Sporamin蛋白质。研究表明，甘薯Sporamin蛋白不仅具有抑制脂肪细胞生成以及降血脂的作用，而且对结肠癌和直肠癌也有一定抑制作用。

长期以来，人们重视甘薯地下部分块根的充分开发和利用，而对营养丰富且具有独特医疗保健功能的甘薯茎叶开发利用得较少，地上部分的茎叶往往被用作饲料。研究表明，甘薯地上部的营养组分和保健成分的含量显著高于地下部块根。比如，茎尖和叶片的蛋白质含量分别是块根的2.7倍和3.5倍，膳食纤维含量为块根的近3倍，钙和铁的含量均为块根的3倍左右。另外，菜用甘薯茎尖和叶片中绿原酸和异绿原酸含量都明显高于块根，叶片的咖啡酸含量也高于块根。与甘蓝、莴苣、苋菜或者菠菜等其他常见蔬菜相比，甘薯地上部所含有的维生素、类胡萝卜素及矿物质等的含量均居首位。在2004年和2008年，世界卫生组织进行的最健康食品评选活动中，甘薯茎叶被列为十三种最佳蔬菜的冠军。它具有较高的医疗保健作用，在国际医学界被称为“抗癌蔬菜”，美国把它列为“太空食品”，日本叫它“长寿菜”，中国香港则称薯叶为“蔬菜皇后”。另外，甘薯在生长过程中病虫害相对较少，很少使用农药，因此甘薯茎叶部分同样属于健康食品，菜用甘薯值得被广泛推广。

总体来说，甘薯块根及地上部茎尖均具有很高的营养价值，且具有一定的保健作用，因此说甘薯是健康食品，必将受到消费者的广泛喜爱。

87 为什么有的甘薯里面有“丝”，有的甘薯会有苦味?

（1）甘薯中“丝”属于膳食纤维。我们在吃熟甘薯时，经常会发现有些甘薯里面是有“丝”的，如果薯块里面的“丝”比较多，吃起来口感就会差一些。在对甘薯品种的食用品质进行评价时候，会对蒸煮后薯块的甜度、黏度、面度、香味及薯块纤维进行评价，这里的薯块纤维就是甘薯里面的“丝”。我们食用的甘薯其实是它的根，不是果实，植物的根里有很多纤维素。薯块里面的“丝”就是纤维素，是不溶性膳食纤维的一种。甘薯的膳食纤维组成成分较为复杂，主要包含纤维素、半纤维素、果胶、抗性淀粉、木质素等。有研究表明，甘薯膳食纤维具有预防结肠癌、防治心脑血管疾病、治疗糖尿病、改变肠道系统中微生物群落，提高人体免疫能力的功效。因此甘薯薯块里面的“丝”虽然不能被消化吸收，但是对人的健康有益。

（2）甘薯中的苦味原因多样。

① 甘薯被病虫侵害会产生苦味。有研究表明甘薯黑斑病的病原菌会在薯块里分泌有苦味的甘薯酮等毒性物质，而且这类毒素即使经水煮火烤，其生物活性也不会被破坏，可造成人、畜中毒，严重的可致死。

② 有的紫薯也有明显的苦味。为什么有的紫薯吃起来有苦味，而有些紫薯就没有？这可能是因为不同的紫薯品种所含的花青素的种类不同，有些种类的花青素会有苦味。花青素是自然界一类广泛存在于植物中的水溶性天然色素，是花色苷水解而得的有颜色的苷元。水果、蔬菜、花卉中的主要呈色物质大部分与之有关。已知花青素有20多种。

③ 有的高胡萝卜素甘薯也有苦味。有研究人员在用电子舌测不同肉色甘薯的味道时，发现有些高胡萝卜素的橘红肉甘薯也有苦味，这也可能与所含的胡萝卜素的种类有关。

总之，造成甘薯苦味的原因可能有多种，还需要科研工作者进一步研究，我们在实际生活中要仔细区分，区别对待，千万不能食用感染病虫害的甘薯。

第三节　甘薯加工利用

甘薯除了鲜食以外，50%以上被作为原料加工利用。本节重点介绍甘薯不同加工产品，每类加工产品对品种的具体要求，以及如何生产这些加工产品，为生产出来的甘薯提供利用途径，提高种植效益。

甘薯有哪些加工产品？

目前，世界主要发达国家均把农产品产后加工放在农业的首要地位，其目的是提高农产品的附加值和保障资源的合理利用。从资金投入来看，美国和日本把70%的研发资金投入到产后环节。发达国家主要农产品加工转化率已达到90%左右，水果、蔬菜的加工转化率也在60%以上，农产品产值的70%以上是通过产后的贮运、保鲜、加工等环节来实现的，加工业产值一般是农业产值的3倍以上。而我国目前农产品整体加工转化率在60%左右，由于贮藏保鲜及产后加工滞后，导致每年损失均在数千亿元。农产品加工业在我国国民经济和社会发展中占据着十分重要的地位。发展农产品加工，有助于优化产业结构，助推农业供给侧结构性改革；有利于破解农产品卖难问题，带动农民增收。

甘薯因其产量高、淀粉含量高、分布广泛等特点，适宜加工成多种产品。在加工产品种类方面，20世纪80年代初期以前，我国甘薯加工产品主要为淀粉及少量甘薯干，且以手工作业的家庭作坊为主，效率低，产量也不大；80年代中期以后，随着改革开放的深入，乡镇企业不断涌现，甘薯淀粉加工企业和甘薯酒精生产企业有所发展；90年代以后以甘薯为原料的休闲食品加工开始出现；2000年以后，甘薯产后加工企业如雨后春笋般大量涌现，呈现出高速发展的态势；2010年之后进入转型升级阶段。

甘薯可加工利用的主要成分为淀粉，最直接的产品为淀粉及其衍生物；甘薯还可以通过微生物发酵将其中的淀粉转化生产酒精、饮料、饲料、调味品以及其他大宗工业产品。随着消费者对甘薯保健功能的认可，甘薯食品的研制和生产开发得到较快的发展，质量亦不断提高，出现了甘薯方便食品、休闲食品、甘薯饮料、功能保健产品等产品。目前，主要甘薯加工产品有10余类（表4–2）。

表4-2　甘薯的主要加工产品

加工方式	品种	产品
非发酵类	淀粉类	淀粉、粉丝、粉条、粉皮
	原料粉类	生粉、颗粒全粉、雪花全粉、高纤营养粉、茎叶青汁粉
	饮料类	紫薯汁、茎尖汁、茎尖茶
	蜜饯类	红心薯干、薯条、甘薯果脯、甘薯果酱
	糖果	软糖、饴糖、葡萄糖
	油炸/膨化类	油炸薯片、全粉膨化薯片
	糕点类	月饼、面包、蛋糕、薯蓉及面条、馒头等薯类主食
	保健品类	花青素、多酚、膳食纤维
	蔬菜类	冷冻甘薯、脱水蔬菜、盐渍菜、茎尖罐头等
发酵类	酒精类	白酒、果酒、啤酒
	调味品类	酱油、醋、味精
	饮料类	乳酸菌发酵甘薯饮料
	饲料类	青贮饲料或发酵饲料
	其他工业产品	柠檬酸、丁醇、丙酮、丁酸、酶制剂、抗生素

89 甘薯淀粉加工对品种的要求及甘薯粉丝的制作方法有哪些？

（1）淀粉加工对甘薯品种的要求。淀粉加工用优良甘薯品种基本特点是淀粉含量、产量均较高，最好选择薯块大、薯形一致、病虫害少的品种，有些高淀粉品种还具有一定的抗糖化、抗褐变等优良加工特性。目前推广利用的多为白肉品种，如商薯19、徐薯18、徐薯22、漯薯11、济25、徐薯37等。传统观念认为，淀粉加工用甘薯只要求淀粉含量高，所以长期以来农户和企业在引种、加工时对其他指标并无过多关注。最新研究表明，磷与淀粉产品品质高度相关，其含量与淀粉崩解值、黏度、凝胶弹性、咀嚼性和粉条弹性5个指标呈正相关。随着相关技术的发展和管理水平的提升，人们已逐渐认识到，高淀粉含量确实是淀粉及相关产品加工的基本指标，但加工品质指标同样重要，不同产品对淀粉的品质指标需求有较大差异，是否选择了合适的品种关系到原料能否物尽其用、生产能否提质增效以及废弃物能否实现减量化，与经济和环境息息相关。

（2）甘薯粉丝是健康食品。甘薯粉丝是一种传统名产，已有400多年的历史。甘薯粉丝久煮不烂，清香可口、食法多样，是以甘薯为原料，靠甘薯内的淀粉来制作的一种食材。粉丝里富含淀粉、膳食纤维、蛋白质、烟酸和钙、镁、铁、钾、磷、钠等矿物质；同时具有良好的附味性，能吸收各种鲜美汤料的味道，再加上粉丝本身的柔润嫩滑，更加爽口宜人。真正的“绿色”粉丝具备甘薯的多数保健功能。但传统粉丝在加工制作过程中添加过量的明矾（硫酸铝）或非法添加石蜡等，会对健康造成危害。

（3）常用甘薯淀粉加工工艺。甘薯粉丝是指以甘薯淀粉为主要原料（大于50%），通过和浆（打糊）、成型（漏粉）、冷却（冷藏或冷冻）、干燥（或不干燥）等工序制成的条状或丝状非即食性食品。其中，以甘薯淀粉为唯一淀粉原料制成的粉丝可以称为纯甘薯粉丝。粉条或粉丝主要根据直径或宽度不同来划分，一般粉条直径≥1毫米，粉丝直径<1毫米。甘薯粉丝在我国已有上百年的制作历史，其加工工艺也在随着时代的变迁和加工设备的改进而逐渐发生变化，目前常见的制作工艺除了传统的手工工艺外，还包括机械化的漏瓢式、涂布式和挤出式工艺。

① 传统手工工艺流程。配料→打芡→和面→漏粉→煮粉糊化→冷却→切断上挂→晾条→打捆包装→成品。

② 漏瓢式加工工艺流程。配料→打芡→和面（合芡）→抽气→漏粉→煮粉糊化→冷却→切断上挂→冷凝→冷冻→解冻干燥→（压块）包装→成品。

③ 涂布式加工工艺流程。配料→调浆→涂布→糊化脱布→预干→冷却→老化→切丝成型→干燥→包装→成品。

④ 挤出式加工工艺流程。配料→打芡→和面→投料→熟化→挤出→切断→上挂→低温老化→干燥→包装→成品。

淀粉加工后的薯渣如何高值化利用？

我国甘薯加工主要生产淀粉和粉丝，由此产生大量甘薯淀粉加工的副产物——薯渣，每加工1吨甘薯淀粉，就要产生1.2吨湿渣。这些湿渣不仅含水量高（85%以上），而且还含有丰富的微生物可利用的碳源（如淀粉、还原糖）、氮源（蛋白质）等有机物，是腐败微生物生长繁殖的理想基质。根据国家甘薯产业技术体系调查资料，甘薯薯渣（干基）中的淀粉含量为48.32%～62.56%、可溶性糖含量为7.69%～14.90%、还原糖含量为1.91%～9.15%、蛋白质含量为2.42%～6.64%。另外，甘薯薯渣本身含有约15个类群、30多种微生物，其中细菌占85%以上，还含有少量酵母菌、霉菌等。这些微生物能够分泌淀粉酶、蛋白酶等活性水解酶，降解甘薯薯渣中淀粉、可溶性糖、蛋白质等基质，非定向地产生乙酸等有机酸和胺类化合物等，故而甘薯薯渣特别是长期放置的薯渣会产生酸味、臭味。

（1）薯渣主要成分。长期以来，我国把甘薯薯渣主要作为畜禽饲料，对其营养成分没有进行充分提取和利用，造成了极大的资源浪费，而且易造成环境污染，这在小规模加工企业以及个体农户加工中尤为明显。甘薯薯渣含有丰富的功效成分——膳食纤维，根据其溶解性可分为可溶性膳食纤维和不溶性膳食纤维，甘薯薯渣中总膳食纤维含量为14.33%～34.58%，其中75%以上为不溶性膳食纤维（表4-3）。甘薯薯块中膳食纤维组成成分较为复杂，主要包括果胶、半纤维素、纤维素、木质素等（表4-4），其中果胶等可溶性膳食纤维含量差异较大，高的可达36.6%，高于大豆膳食纤维中的果胶含量。另外，甘薯膳食纤维主要由葡萄糖、半乳糖、木糖、阿拉伯糖、鼠李糖、半乳糖醛酸、葡萄糖醛酸等单糖和糖醛酸构成，其中葡萄糖含量高达56.31%。甘薯膳食纤维不仅具有持水性、阳离子交换能力、吸附作用等物化特性，而且还具有预防结肠癌、防治心脑血管疾病、治疗糖尿病、改变肠道系统中微生物群落、提高人体免疫能力的功效。

表 4-3 甘薯膳食纤维含量（干基）

文献来源	测定对象	总膳食纤维 /%	可溶性膳食纤维 /%	不溶性膳食纤维 /%
Kim et al.，2011	甘薯块根	7.20 ～ 10.87	—	—
张玲玲等，2010	甘薯块根	6.24 ～ 13.94	—	—
曹媛媛，2007	徐薯55-2薯渣	—	2.66	26.63
韩俊娟，2008	甘薯薯渣	14.33 ～ 24.55	—	—
郭亚姿，2010	甘薯薯渣	19.04 ～ 34.58	2.06 ～ 4.11	16.98 ～ 30.47

表 4-4 甘薯薯块中膳食纤维组成成分（干基）

文献来源	甘薯品种	纤维素 /%	半纤维素 /%	果胶 /%	木质素 /%
曹媛媛，2007	徐薯55-2	35.01	23.28	13.68	21.59
王贤，2011	密选1号	43.58	18.81	1.74	30.69
Yoshimoto et al.，2005	Koganesengan等6个品种	19.9 ～ 60.0	8.9 ～ 39.7	16.7 ～ 36.6	—
韩俊娟，2008	维多莉等10个品种	14.5 ～ 6.34	8.6 ～ 5.98	8.81 ～ 22.93	14.46 ～ 32.00

（2）薯渣高值化利用途径。目前甘薯薯渣的高值化利用主要是以甘薯薯渣为原料，通过提取、纯化、改性等技术手段开发膳食纤维保健产品。甘薯膳食纤维保健产品开发较少，常见的主要有膳食纤维粉、膳食纤维咀嚼片、膳食纤维胶囊以及膳食纤维主食化产品。

① 膳食纤维粉。以甘薯薯渣为原料，经预处理、酶解、均质、干燥等主要步骤制成，其工艺流程为：甘薯湿渣→清洗→脱色→离心→沉淀物→粉碎→浸泡→过胶体磨→超声波辅助 α-淀粉酶水解→超声波辅助纤维素酶水解→过胶体磨→均质→喷雾干燥→粉剂产品。加工关键技术要点包括原料预处理、脱色、超声波辅助酶解、喷雾干燥等。原料预处理：由于在薯渣生产、存放、运输等过程会混入泥土、石子、金属等杂质，原料要反复进行清洗、除杂等处理，此外不得使用腐败变质的原料。脱色：要选择适宜的脱色剂，并控制其使用量和作用条件。超声波辅助酶解：注意调节酶解温度、pH和超声波功率，防止淀粉酶、纤维素酶失活或酶解不彻底。喷雾干燥：由于膳食纤维是

高含水量、高含糖量的物料，在干燥过程中要严格控制进风温度、雾化压力、蠕动泵转速、风机频率等参数，防止堵塞喷头、物料干燥不彻底、焦糖化等问题。

② **膳食纤维咀嚼片**。以甘薯膳食纤维粉为原料，经配料、混合、造粒、压片等主要步骤制成（图4-11），其工艺流程为：膳食纤维粉→配料→混合→造粒→压片→包装→咀嚼片产品。

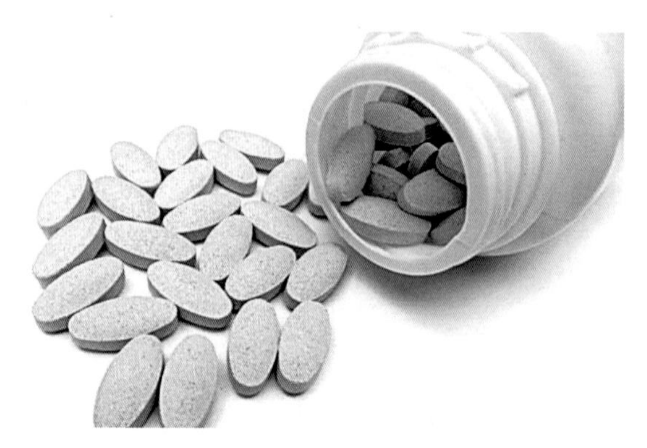

图4-11　甘薯膳食纤维咀嚼片

③ **膳食纤维胶囊**。以甘薯膳食纤维粉为原料，经配料、混合、填充等主要步骤制成（图4-12），其工艺流程为：膳食纤维粉→配料→混合→胶囊充填→整理→抛光→检验→包装→胶囊产品。

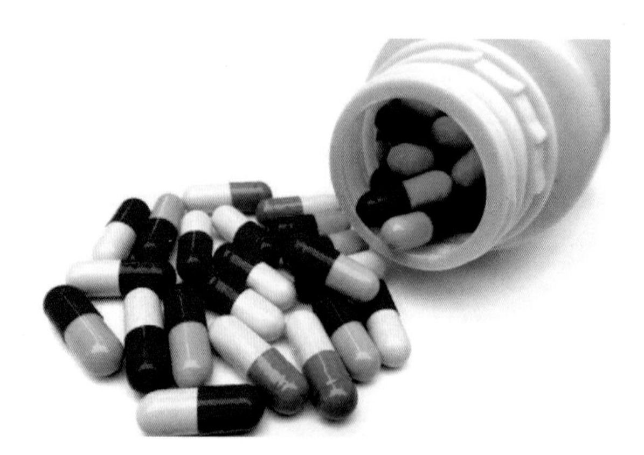

图4-12　甘薯膳食纤维胶囊

④ **主食化产品**。以甘薯膳食纤维、面粉或米粉为主要原料，开发面条、馒头、花卷、面包、蛋糕等膳食纤维主食化产品。

甘薯淀粉生产方法及加工产品有哪些?

（1）甘薯淀粉加工方法。淀粉是甘薯块根的主要组成成分，占其干重的50% ～ 80%。甘薯淀粉是指从甘薯块根中提取的淀粉。根据生产工艺不同，常分为酸浆法甘薯淀粉和旋流法甘薯淀粉。

① 酸浆法。甘薯淀粉浆液中除含淀粉外，还有纤维、蛋白质等成分。为了使淀粉和纤维、蛋白质高效分离，可以向甘薯淀粉浆液中添加酸浆，酸浆中含有大量具有凝集淀粉颗粒能力的乳酸乳球菌，不仅可使淀粉颗粒沉降速度大大加快，而且解除了浆液中蛋白质、纤维对淀粉的吸附作用，从而使淀粉与蛋白质、纤维分离。其生产工艺流程为：甘薯原料选择→清洗→磨碎成浆→筛分→兑浆→撇缸→坐缸（发酵）→撇浆→起粉→脱水→干燥→成品。

② 旋流法。旋流分离法是近年来迅速发展起来的一种依靠高速离心力使淀粉快速分离的方法。旋流分离法生产甘薯淀粉的磨浆、过滤等工艺与酸浆法相似，不同之处在于旋流分离法采用碟片式离心机来分离浆液中的淀粉、蛋白质和纤维，也可用数级旋流洗涤工艺分离，或者二者同时使用。合用工艺即先使甘薯淀粉粉浆经过碟片式离心机将蛋白质、纤维等成分分离，得到粗淀粉乳，再通过数级旋流洗涤器进一步纯化淀粉，得到精制淀粉乳。其生产工艺流程为：鲜薯→清洗→磨碎成浆→筛分→除砂→旋流/机械分离浓缩→精制提纯→真空脱水→干燥→成品。

（2）甘薯淀粉加工产品。目前，甘薯淀粉在食品中主要用于生产甘薯粉丝、粉条，部分甘薯淀粉用在食品加工和餐饮中作为增稠剂。甘薯淀粉还可以应用在生物医药领域作为药品的赋形剂。另外，以甘薯淀粉为原料还可以制作多种变性淀粉，如交联酯化甘薯淀粉、乙酰化甘薯淀粉等，可应用到食品和化工领域。

甘薯全粉加工对品种的要求、发展甘薯全粉的优点以及生全粉与熟全粉的区别有哪些?

（1）甘薯全粉加工对品种的要求。新鲜甘薯经过清洗、去皮、切分等前处理，经干燥、粉碎工序得到的细颗粒状、片屑状或粉末状产品统称为甘薯全粉，它包含了新鲜甘薯中除薯皮以外的全部干物质，包括蛋白质、糖类、脂肪、维生素、矿物质等，能最大限度保留新鲜甘薯的营养与风味物质，具有细胞破碎率低、黏度低、分散性好、复水性好、保存时间长、便于运输等优点，广泛应用于复合薯片、面条、糕点、面包、饼干等食品中。

不同加工用途的甘薯全粉对于品种的要求也不尽相同。用于主食型产品（如馒头、包子、面条等）或焙烤食品（如糕点、面包、饼干等）的加工，宜选用淀粉含量、烘干率较高的甘薯品种，一般选用烘干率≥25%的白肉或者黄肉甘薯；用于休闲食品（如薯脯、薯片、薯饼等）及固体或者液体饮料的加工，宜选用还原糖含量较高或花青素含量较高的甘薯品种，一般选用烘干率20%～25%的红肉、黄肉或者紫肉甘薯；用于保健型食品的精深加工，宜选用蛋白质含量较高或者膳食纤维含量较高的甘薯品种。

（2）发展甘薯全粉的优点。发展甘薯全粉的优点主要表现在以下四个方面。

① 贮运方便、费用低。新鲜甘薯贮藏期短，通常仅能贮藏7～10个月，且贮藏条件要求高；而甘薯全粉在常温下能安全贮藏2年，贮藏期是普通甘薯的2～3倍。甘薯全粉贮藏比普通甘薯贮藏减少大量库容，节约固定资产投入。

② 生产灵活。以甘薯全粉为原料的食品加工企业能有效回避甘薯原料供应的季节性对生产带来的不良影响，同时可避免贮藏甘薯时产生的霉变、腐烂给企业带来的经济损失。以甘薯全粉为原料生产甘薯食品，就像以大米、面粉等为原料生产其他食品一样，完全可以根据市场的需求安排原料的采购和贮藏，为企业提供了更灵活的生产空间，也为甘薯大规模种植、推动甘薯产业化发展提供了有力保障。

③ 减少环境污染。加工甘薯全粉过程中仅产生很少量的固体“废渣”，这部分“废渣”可作为家畜的饲料，不会对环境造成影响。生产甘薯全粉过程中排放的废水中仅含有少量的沙尘、淀粉和细胞组织液，经沉淀后即可排放或用于农田灌溉。生产甘薯全粉与生产甘薯淀粉相比，排污总量可以忽略不计。

④ 用途广泛。甘薯全粉是新鲜甘薯的脱水制品，具有新鲜甘薯的营养、风味和口感，且有良好的复水还原和再加工性，甘薯全粉的用途几乎涵盖了所有的食品种类，可广泛用作各种甘薯加工产品的原料或其他食品加工的添加

剂，具有良好的经济效益和市场开发前景。

（3）甘薯生全粉与熟全粉的区别。甘薯生全粉是指甘薯经过清洗、去皮、切分等前处理，经干燥机在60～65℃烘干至水分含量为5%～8%，利用粉碎机进行粉碎，然后过60目筛得到产品（图4-13）。甘薯熟全粉是以新鲜甘薯为原料，经挑选、清洗、去皮、切片、护色、蒸煮后，采用不同干燥技术，如挤压膨化法、喷雾干燥法、滚筒干燥法、微波干燥法、冷冻干燥法等制备而得的一种颗粒状、粉末状或雪花状的甘薯加工制品（图4-14）。

图4-13　甘薯生全粉

a

b

图4-14　甘薯熟全粉

a. 紫肉甘薯熟全粉　b. 黄肉甘薯熟全粉

相对甘薯生全粉，甘薯熟全粉的使用更广泛。甘薯熟全粉可以制成即食食品直接食用，添加一定辅料，用热水冲调，可制成美味可口的即食糊；与米渣蛋白质或其他辅料按一定比例混合后进行挤压膨化，可制成蛋白质含量较高，其他营养成分丰富、易消化、易吸收、具有良好口感和色泽的膨化食品；也可以作为其他食品的添加成分，以改善食品的营养价值。

93 甘薯薯泥加工对品种的要求以及可利用薯泥开发的休闲食品有哪些?

(1)甘薯薯泥加工对品种的要求。不同加工用途的甘薯薯泥对于品种的要求也不尽相同。用于生产速食薯泥或者添加到馒头、包子、面条等主食型产品以增加其营养品质的辅助材料，宜选用淀粉含量、烘干率较高的甘薯品种，一般选用烘干率≥25%的白肉或者黄肉甘薯；用于糕点、饼干等焙烤类休闲食品，一般选用薯肉颜色较鲜艳、富含β-胡萝卜素的红肉甘薯和富含花青素的紫肉甘薯。

薯泥黏度较大，容易影响产品的进一步开发，为降低薯泥黏度，便于成型，可采取以下方法：选择烘干率较高、熟化后口感呈“沙性”的甘薯品种制泥；适当添加一些辅助材料或者添加剂，比如植物油、面粉、琼脂或果冻粉等可有效降低薯泥黏度，提高可塑性。

(2)薯泥类休闲食品开发。一般情况下，可以利用甘薯全粉制备的休闲食品都可以用薯泥代替甘薯全粉来完成产品开发，我们最常见的薯泥休闲食品有“甘薯小薯仔”(图4-15)、甘薯糕点、甘薯月饼(图4-16)、甘薯饼干(图4-17)等。

图 4-15 “甘薯小薯仔”

图 4-16 甘薯月饼

图 4-17 甘薯饼干

下面简要介绍几个利用薯泥开发休闲食品的加工制作工艺流程。

①“甘薯小薯仔”的加工制作工艺。甘薯→清洗→去皮→切分→蒸煮→冷却→打泥→调配→浓缩→成型→烘烤→成品。

操作要点如下。

薯泥制作：选择烘干率较高、熟化后口感呈“沙性”的黄心或者紫心健康甘薯品种，清洗干净，去皮切分、蒸熟后，用打泥机打成泥状。

调配浓缩：在薯泥中按比例加入配料，一般加糖10%～15%，柠檬酸0.10%～0.15%，然后真空浓缩。

成型烘烤：每个“小甘薯”大概用薯泥10～15克，手工揉搓或者机械成型后，入盘烘烤；烘烤温度65～75℃，烘烤至水分含量为16%～20%即可。

② 甘薯月饼加工制作工艺。

面粉、食用油、糖浆等→混合、搅拌→醒发→面团
↓
新鲜甘薯→清洗→去皮→蒸煮→制泥→配料→馅料→包馅→成型→烘烤→冷却→包装→成品。

操作要点如下。

制皮：将食用油、糖浆、碱水按比例放入容器中混合搅拌均匀，筛入面粉拌匀揉成面团，覆盖保鲜膜，室温下放置1小时以上。

制馅：选用口感好、粗纤维含量少的黄心、红心、紫心健康甘薯薯块作为原料，清洗干净后，去皮切分；将切分后的薯块蒸熟，再按比例加入各种配料，用搅拌机捣碎成泥状馅料以备用。

包馅、成型：按照一定比例将面团、馅料分别加入包馅机的皮料料斗和馅料料斗里，调节切割速度、馅料速度、皮料速度和输送速度，完成包馅工序；使用月饼成型机，调节外膜气压、内膜气压、脱模气压和磨具图案清晰度以及月饼的位置，达到最佳效果。

烘烤、包装：调节烤箱底温190℃，面温200℃，烤制5分钟后取出，表皮刷上蛋黄液改善制品色泽，继续烤制40分钟左右，至饼皮金黄，取出月饼，冷凉后进行包装。

③ 甘薯饼干加工制作工艺。

糖粉、食盐、小苏打、植物油等辅料
↓
面粉、甘薯泥→混合→调制面团→静置→成型→焙烤→冷却→包装→成品。

操作要点如下。

甘薯预处理：将甘薯去皮、切分放入蒸箱内，蒸煮30分钟左右（以甘薯熟透为准），取出冷却，搅拌成泥状。

调制面团：先将面粉、甘薯泥和食用植物油在和面机混合均匀，用适量水溶解小苏打、糖粉、食盐后加入调成面团。

成型、烘烤：将面团辊轧呈2毫米左右厚度的面片，使用磨具剪切、成型后装入烤盘；180～220℃焙烤5～10分钟后取出，冷却至室温。

94 甘薯饮料加工对品种的要求以及加工制作甘薯饮料的方法有哪些？

（1）甘薯饮料概念。甘薯饮料是以甘薯为原料，通过清洗、去皮、切块、打浆榨汁、分离、澄清、酶处理、调配、均质、脱气、杀菌、灌装等工序制成的富含氨基酸、矿物质及维生素等营养的饮料。甘薯饮料以新鲜甘薯为原料，不添加任何增香剂和人工色素，保留甘薯的自然色泽和风味，同时具有甘薯的全部营养及保健功能，是一种新型保健饮料，它是以普通食品载体（饮料）的形式出现，使消费者在保健的同时，享受到食品的色、香、味，因此受到人们的喜爱。

（2）甘薯饮料分类与对品种的要求。甘薯饮料分为固体饮料（图4-18）和液体饮料，其中液体饮料又分为清汁饮料（图4-19）、浊汁饮料以及复合饮料。甘薯饮料加工多采用富含β-胡萝卜素的红肉甘薯和富含花青素的紫肉甘薯，其中红肉甘薯需要满足每100克鲜薯β-胡萝卜素含量大于6毫克，紫肉甘薯需要满足每100克鲜薯花青素含量30～80毫克。

图4-18　甘薯固体饮料

图4-19　甘薯清汁饮料

（3）甘薯饮料加工工艺。

① 甘薯固体饮料加工制作工艺。新鲜甘薯→挑选→清洗→去皮→切块→护色→漂洗→蒸煮→打泥→调配→干燥→粉碎→筛分→包装→成品。

操作要点如下。

原料的挑选：选择新鲜、成熟度高、无霉烂病变、无发芽、无机械损伤的甘薯为原料，以黄肉甘薯、红肉甘薯或者紫肉甘薯为宜。

清洗去皮、切分护色：用毛刷清洗和清水淋洗去尽泥沙，然后去皮、切块，置于护色液中浸泡20～40分钟。

蒸煮：将薯块用清水反复冲洗，去除表面淀粉颗粒及护色液，沥干水分，送入蒸箱蒸至熟透为止。

打泥、调配：将蒸熟的薯块放入打浆机打成薯泥，再按比例加入辅料，搅拌均匀。

干燥：干燥方式可采用滚筒干燥或喷雾干燥。采用滚筒干燥技术，调节滚筒温度120～150℃，转速40～60转/分，料层厚度约0.2～0.3毫米，薯泥经滚筒干燥成薄片后由刮刀刮下收集，得到片状甘薯粉，产品含水率为5%～8%。

筛选、包装：将片状甘薯粉按照预定要求粉碎并过相应孔径的振动筛，经包装后即成为甘薯固体饮料。

② 甘薯液体饮料加工制作工艺。新鲜甘薯→挑选→清洗→去皮→切片→烫漂→打浆→酶解→灭酶→离心分离→调配→均质→脱气→杀菌→灌装、冷却→成品。

操作要点如下。

原料的挑选：选择无病变、无霉烂、无发芽的新鲜红肉甘薯或者紫肉甘薯，剔除有病虫害和机械损伤的不合格原料。

清洗、去皮、切片：甘薯经清洗、去皮等工序后，用切片机切成3毫米厚的片，必要时需进行护色。

烫漂：将切分好的薯片，立即投入100℃的沸水中热烫3～5分钟，以杀灭酶的活性，同时也起到杀菌作用。

打浆：烫漂后的甘薯片送入破碎机中，加入一定比例的水打浆。

酶解、灭酶：加热甘薯浆液到90℃，加入α-淀粉酶保温酶解30～60分钟，调节pH达到4.5左右，再加入糖化酶保温60～90分钟，使淀粉得以酶解转化，同时提高甘薯浆液的糖度，然后再升温灭酶。

离心分离：将灭酶后得到的甘薯浆液经过离心机离心分离过滤，转速3000～4000转/分。

调配：羧甲基纤维素钠、海藻酸钠和黄原胶热熔，与白砂糖、蜂蜜和柠檬酸搅溶过滤后加入配料缸内的甘薯浆液中搅拌均匀。

均质：用高压均质机在40～60兆帕压力下，对调配好的甘薯饮料半成品进行均质处理，提高成品的稳定性。

脱气、杀菌：调配后的甘薯饮料送入脱气罐中脱气，脱气罐真空度为0.090～0.094兆帕；然后加热到90～98℃，杀菌25～30分钟。

灌装：当杀菌后的甘薯饮料温度降到70～80℃时，在无菌条件下装入干净并消毒的玻璃瓶中封盖并迅速冷却至室温，或采用自动灌装线灌装，包装材料可以是玻璃瓶、易拉罐、塑料瓶等。

95 甘薯薯条（薯脯）加工对品种的要求以及生产薯条（薯脯）的方法有哪些？

（1）甘薯薯条（薯脯）概念。薯条，又称薯脯、甘薯条，俗称地瓜干，属于果脯蜜饯类。作为我国传统食品，生产工艺相对简单，生产成本低，生产规模可大可小，产品市场成熟，投资风险小。其产品具有甘薯独特的香味，色泽半透明，口感柔软筋道，老少皆宜。

甘薯薯条生产在我国有悠久历史，尤其福建连城一带生产的薯条，品质优、口感好，享誉全国，并出口到国外。如今，浙江、广东、广西、贵州、江苏、山东、河北、北京等的丘陵山区及一些平原地区都有企业从事甘薯薯条生产，产品市场覆盖全国各地，甘薯薯条成为市场不可或缺的一类休闲食品。

（2）薯条（薯脯）传统生产方式及对品种的要求。甘薯薯条传统生产方式有两种，一种是加糖蒸煮（图4-20），一种是不加糖蒸煮（倒蒸）（图4-21）。加工品种宜选用薯肉颜色鲜亮（如橘红色、黄色或紫色）且不溶性粗纤维含量低、可溶性细纤维含量高、可溶性糖含量高、淀粉含量中等的甘薯品种，一般选用烘干率20%～25%的红肉、黄肉或者紫肉甘薯。

a

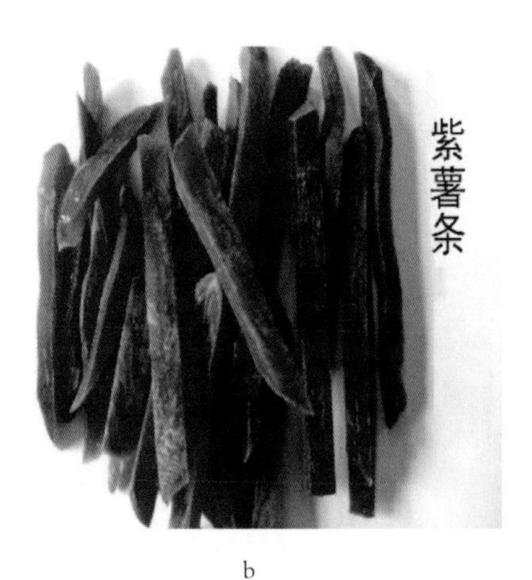

b

图 4-20 加糖蒸煮甘薯条

a. 红肉甘薯条 b. 紫肉甘薯条

图 4-21 倒蒸甘薯条

（3）薯条（薯脯）加工工艺。

① 加糖型甘薯薯条（薯脯）的生产工艺。甘薯→挑选→清洗→去皮→切分→护色→漂洗→烫漂硬化→糖煮→烘烤→分选→包装→成品。

操作要点如下。

原料选择：以薯肉为黄色、橘红色、浅紫色为好，烘干率为20% ～ 25%，粗纤维含量少，薯块光滑，大小适中，剔除带有病虫害、冻害、虫眼及裂皮等的不合格薯块。

去皮：用不锈钢刀去皮，削皮后随即放入水中，以防氧化变色。

切分：将薯块切成6厘米×0.6厘米×0.6厘米或4厘米×1.0厘米×1.0厘米的细条。

护色：甘薯中多酚氧化酶可致鲜切薯条褐变，可采用以氯化钙、柠檬酸、异抗坏血酸配置的复合护色液处理。

烫漂硬化：烫漂是为了钝化氧化酶的活性，烫漂要沸水下料，至熟而不烂，掰开薯条断面无硬心、无色差为宜。为防止薯条烫漂发生软烂，可在沸水中加入0.2%氯化钙进行硬化处理。

糖煮：将烫漂后的薯条置入浓度40%左右（以折光度计）的糖液中，没入全部物料，煮至无生味，浸泡数小时，待薯条内外渗糖平衡，呈透明状即可。

烘烤：烘烤是去除水分的过程，将薯条铺在烘盘上送入烘房，烘烤温度在60℃左右，烘至薯条表面不粘手即可。烘烤时间为10～12小时，至产品表面干爽、透明或半透明、含水量15%～18%为止。

包装：薯条从烘房取出后，在阴凉处摊开降至室温，吹干表面，用聚乙烯薄膜食品袋，将成品按要求分级定量装入，也可散装出售。

② 不加糖型甘薯薯条（薯脯）的生产工艺。新鲜甘薯→挑选→清洗→去皮→切分→护色→漂洗→蒸煮→干燥→蒸煮→干燥→蒸煮→干燥→分选→包装→成品。

操作要点如下。

原料选择：薯肉以黄色或橘红色为宜，可溶性糖含量和烘干率适当偏高，一般选用烘干率22%～25%、粗纤维含量少的黄肉、红肉甘薯为佳。

切分：根据产品要求可将原料切成片状或块状，对于单个重量在30克以下的小薯块，可以不切分，进行整体加工制作。

蒸煮：用蒸汽将原料完全蒸熟。

干燥：采用烘房或自然晾晒方法进行干燥。经过反复三次“蒸煮—干燥”操作，直至产品质地柔软、色泽均一、口感甜糯、含水量20%～25%为止。

包装：由于产品含水量较高，最好采用真空包装，以延长货架期。

倒蒸甘薯条利用甘薯本身转化的糖，经蒸煮、干燥，不添加任何外来糖源制作而成，味道纯真、质地柔软、香甜可口，近年来颇受消费者的青睐。

甘薯油炸薯片加工对品种的要求以及甘薯油炸薯片的分类和制作方法有哪些?

(1)甘薯油炸薯片概念。果蔬脆片是果蔬真空油炸产品，是近年来广为流行的一种果蔬加工新产品，它是果蔬在低温真空条件下，以棕榈油为介质脱水干燥而成的，产品最大限度地保存了原有的色泽、风味和营养成分，附加值高、口感好，深受消费者喜爱。甘薯油炸脆片作为果蔬脆片系列产品的一员，具有其独特的品质，几乎保留了甘薯全部营养物质，如膳食纤维、黄酮类物质、胡萝卜素、B族维生素及丰富的矿物质，并以其酥脆的口感、浓郁的甘薯香味而深受消费者青睐。

(2)甘薯油炸薯片对品种的要求。油炸甘薯片宜选用薯肉颜色鲜亮(如红色、黄色或紫色)，且可溶性糖含量高，淀粉含量中等的甘薯品种，一般以薯块烘干率在18%～25%的红肉、黄肉或紫肉品种为宜。

(3)甘薯油炸薯片分类及区别。油炸薯片是以甘薯为原料直接切片进行油炸得到的薯片，按油炸技术可以分为普通常压油炸薯片和真空油炸薯片两类。常压油炸的设备较简单，小型企业主要采用常压油炸；真空油炸的设备价格昂贵，生产成本较高，大中型企业多采用真空油炸。油炸薯片因具有诱人的色泽、风味和独特的质构而受到广大消费者的欢迎。

普通常压油炸薯片加工，除了产品含油率高以外，由于油温大都控制在160℃以上，从而导致食品的营养成分在高温下受到破坏，色、香、味受到影响；油脂反复使用会变稠、产生劣味，甚至会产生一些对人体有害的物质(丙烯酰胺等)，影响消费者的健康等。

真空油炸起源于20世纪70年代初，我国在20世纪90年代初引进该技术并加以改进。真空油炸是将真空技术和油炸脱水技术相结合，在减压和低温的条件下，以油脂为介质，将物料中水分在短时间内汽化，实现脱水干燥。真空油炸可以使油炸温度维持在100℃以下，有效避免了高温对食品营养成分及品质的破坏；同时真空使食品处于负压状态下，可以减轻甚至避免氧化作用所带来的危害，例如脂肪酸败、酶促褐变或其他氧化变质等；在负压状态下，以油作为传热媒介，食品内部的水分会急剧蒸发而喷出，使组织形成疏松多孔的结构。

真空油炸薯片(图4-22)跟普通油炸薯片相比，具有如下优点：油炸温度低、营养成分损失少；膨化效果好，口感酥脆；产品复水性好、含油量低；有效避免油脂的氧化劣变和致癌物的产生；产品保存期长。

图4-22　真空油炸薯片

（4）真空油炸薯片制作方法。真空油炸薯片工艺：新鲜甘薯→清洗→去皮→切片（条）→护色→烫漂→冷冻→真空油炸→脱油→调味→包装→产品。

操作要点如下。

原料要求：薯肉颜色为黄色、红色或者紫色，薯块大小适宜，表皮光滑；烘干率适当低些，一般烘干率18%～25%，口感更显酥脆。

切片（条）：切片厚度3毫米左右，切条断面长宽8毫米左右为宜。

烫漂：沸水下料，烫漂1～3分钟，至熟而不烂。烫漂后，立即捞出，投入冷水冷却，以便冷冻。

冷冻：冷冻是真空油炸关键环节，温度要求－25℃以下，物料中心温度达－18℃左右，使物料中的水分全部结晶。

真空油炸：真空油炸是最重要的环节，油炸温度、真空压力决定产品质量。真空油炸温度因物料不同而有差异，一般在80～90℃之间，真空压力控制在－0.095兆帕左右，真空度高，水分汽化快，脱水时间短，产品酥脆性好。

脱油：真空状态下进行脱油，能够最大限度去除残油，降低产品含油率，真空脱油后产品含油率在20%左右。

调味：根据口感嗜好不同，可添加不同口味的调味料，如烤肉味、番茄味、芝士味等。调味在调料机中进行，使调料均匀，浓淡适宜。

包装：因产品组织呈多孔状，容易吸湿回潮，故需要严密包装；为防止压碎，采用罐体包装或充氮包装，也避免了氧化。

甘薯脆片生产中，有一项工艺之外的重要工作不可或缺，就是洗油。一锅油经过多次使用后，油中溶解了很多物质及脱落的残渣，影响产品色泽和流动性，需要进行定期清洗，更换产品必须清洗，使生产可持续进行。

（5）紫薯脆片。近年来，紫肉甘薯颇受欢迎，紫薯脆片（图4-23）备受青睐，但是，紫薯容易脱色，生产时要严格区分，防止不同产品相互染色，影响不同品种甘薯脆片感官品质。

图 4-23　紫薯脆片

97 如何开发利用紫薯？

（1）紫薯开发利用。紫薯因富含紫色花青素而呈现鲜艳色彩，花青素因具有强烈脱除氧自由基、抗氧化、延缓衰老、提高肌体免疫力等许多生理保健功能而备受人们关注，因此，紫薯有着广阔的开发前景。

① 鲜食上市。选用优良的鲜食紫薯品种，挑选、分级、清洗、晾干、包装上市。

② 提取紫色花青素。紫色花青素提取，一般采用酸化水提取或直接用酸化乙醇提取，分离后滤液进行真空浓缩，再用等体积的95%乙醇溶液沉淀，去

除可溶性膳食纤维，滤液蒸馏分离后得到花青素粗品。

③ **开发休闲食品。**可直接加工成各种休闲食品，如紫薯糕、紫薯酱、紫薯片、紫薯果脯及紫薯粉丝等产品。

（2）紫薯加工产品中无须添加着色剂。紫薯块根中富含的花青素，属于黄酮类化合物。花青素呈现紫色，是因为结构中含有生色基团，其常与一个或多个葡萄糖、鼠李糖、半乳糖、木糖、阿拉伯糖等通过糖苷键形成花色苷。而紫薯花青素的特点在于糖链与酚酸类物质发生酰基化反应形成酯，生成酰基化的花色苷。紫薯花青素的主要成分是矢车菊素和芍药素及极少量的天竺葵素，以糖苷化后的酰基化衍生物形式存在。紫薯花青素的酰基多为咖啡酸和阿魏酸，这两种有机酸本身也是很好的抗氧化剂。酰基化的分子结构决定了紫薯中花青素的稳定性较好，在微酸和中性环境下稳定性很强，其热稳定性与紫米相似，优于紫葡萄、紫苏、黑米和黑豆等其他来源的花青素，光稳定性强。较好的稳定性决定了紫薯花青素具有良好的开发应用价值。中国营养学会在《中国居民膳食营养素参考摄入量》（2013版）中给出建议，健康人群每人每天摄入50毫克以上花青素即可预防多种慢性疾病，而亚健康人群或患有疾病人群则应相对提高摄入量。紫薯花青素产品是指从新鲜紫薯或紫薯粉中提取制备的花青素类产品，具有抗氧化、提高记忆力、改善视力、抗衰老、抗炎、抑制肥胖和保肝等多种生理功能。因其天然、安全、健康的特点，可作为保健食品的原料，也可作为天然色素添加到其他饮料（如葡萄汁、蓝莓汁等）或谷物食品中（如面包、馒头、营养粥等），并可针对不同人群需求（如营养、感官等方面）开发各具特色的产品。

98 甘薯片（条）变色的原因和预防方法以及速冻薯条与普通冷冻薯条的区别有哪些？

（1）甘薯片（条）褐变原因。甘薯褐变主要是由于多酚类物质在多酚氧化酶的作用下发生氧化反应形成醌类物质所致。甘薯在破碎以前，细胞是完整的，多酚类物质和酶类通过膜系统区域化分布，不直接接触（多酚类物质存在于细胞质中，多酚氧化酶则集中分布在细胞膜和细胞质的外围而被隔离开，即二者并不直接接触），所以即使在有氧气存在的条件下多酚氧化酶也不能催化多酚类物质发生酶促褐变反应。当甘薯切成条状或者片状时，多酚类物质和多酚氧化酶两者相接触发生氧化反应形成醌类物质，反应过程中脱掉的氢（H^+）和受体O_2形成H_2O使褐变反应不断进行，最后聚合形成黑色或褐色物质，从而引起甘薯的褐变。

（2）防止褐变的措施。pH和温度对多酚氧化酶的活力有很大的影响，多酚氧化酶的最适pH因酶来源的不同而不同，大多数情况下，多酚氧化酶的适宜pH在4.0 ～ 7.0，甘薯中的多酚氧化酶的最适pH为6.1 ～ 7.0。同样，多酚氧化酶的最适温度在很大程度上也取决于它的来源。一般情况下，多酚氧化酶活力从2℃开始随温度的升高而升高，甘薯中的多酚氧化酶活力在22℃时达到最大值，多酚氧化酶不属于非常耐热的酶，一般在70℃以上可以使它部分或全部不可逆失活。

不同的甘薯品种，其褐变强度与多酚氧化酶的活力差异很大。在加工过程中应尽量选择多酚氧化酶活力低的品种，这是保证甘薯片（条）加工具有良好色泽的首要条件，也是控制甘薯条加工过程中褐变的关键环节。由于人们对食品营养与安全要求的提高，在食品加工中含硫化合物的护色已被禁止。因此，可选用氯化钠、柠檬酸、异抗坏血酸三种来源广、经济又安全的原料进行复配，通常用量为：氯化钠0.25% ～ 0.3%、柠檬酸0.25% ～ 0.3%、异抗坏血酸0.03% ～ 0.05%，可以起到较好的护色效果。

另外，热处理是一种以纯物理方式进行且不需要添加任何其他物质的保鲜方法，通过一定的热处理杀灭甘薯切片表面的微生物，抑制与生理代谢相关的酶的活性，从而使鲜切甘薯片（条）保持原来颜色、品质。处理方式主要包括蒸汽处理、热水烫漂处理等。

（3）冻结食品分类。冻结食品主要包括冷冻食品和速冻食品两大类。所谓冷冻就是慢速冻结，由于其冷却速率较低，在降温过程中细胞内的水分渗透到细胞外，最终形成大的冰晶体，造成细胞的机械损伤，即挤压细胞使细胞产生变形和破裂，严重破坏食品的组织结构。解冻后汁液流失过多，食品的外观和鲜度受到极大影响，质量明显下降。而速冻是使产品在30秒或更短时间内迅速通过冰晶体最高形成阶段，并且在5 ～ 20分钟内将产品的温度降至−18℃以下，在细胞外形成均匀分布的细小冰晶体，大大降低了冰晶体对组织结构的破坏程度，解冻后基本能保持原有的色、香、味、形。

（4）速冻薯条与普通冷冻薯条区别。

① 冰晶体大小。速冻薯条形成的冰晶体颗粒小，对细胞的破坏性比较小；

普通冷冻薯条形成的冰晶体颗粒大，对细胞的破坏性比较大。

② **冻结时间长短。**速冻薯条冻结时间短，允许盐分扩散和分离出水分以形成纯冰的时间也随之缩短；普通冷冻薯条形成纯冰的时间较长。

③ **冷冻品质好坏。**速冻薯条是将温度迅速降到微生物生长活动温度以下，能及时阻止微生物活动引起的变质；普通冷冻薯条降温缓慢，温度降到它的冻结点需要较长的时间，给微生物活动和薯条发生生化变化提供足够时间，从而引起品质下降。

④ **解冻品质好坏。**速冻薯条解冻后品质保持较好；普通冷冻薯条解冻后容易产生褐变，薯条色泽、外观、性质等发生改变。

99 甘薯高端加工产品的种类及其主要特点有哪些？

甘薯高端加工产品主要包括甘薯休闲食品、甘薯功能食品、甘薯药用产品等，这些产品具有天然美味、调节身体健康等特点。

（1）甘薯休闲食品。利用国际先进的设备及制造工艺，采用天然食材，不添加任何人工色素，制备中式、日式或西式的高档糕点等休闲食品，追求原味、健康和美味。

（2）甘薯功能食品。

① **膳食纤维加工产品。**膳食纤维是指能抗人体小肠消化吸收，而在人体大肠能部分或全部发酵的可食用的植物性成分、糖类及其相类似物质的总和，具有预防便秘和结肠癌、预防心血管疾病、治疗肥胖症、消除外源有害物质等功效。甘薯特别是甘薯淀粉加工的副产物薯渣，含有丰富的膳食纤维，占原料的15%～25%，是膳食纤维深加工的重要来源。甘薯膳食纤维组成成分较为复杂，主要是果胶、半纤维素、纤维素、抗性淀粉、木质素等，其中果胶等可溶性膳食纤维含量丰富，占10%～30%，明显高于大豆膳食纤维。由于膳食纤维对人体健康起着重要的调控作用，在欧美国家、日本、韩国、中国台湾等国家和地区，膳食纤维类食品日益受到消费者的欢迎，已经形成一个容量达480亿美元并仍在以较快速度增长的巨大消费市场，因此甘薯膳食纤维功能性食品的开发具有广阔的国际、国内市场前景。

② **甘薯茎叶加工产品。**甘薯茎叶的产量与地下部分的块根相当，因此，

市场开发前景非常广阔。国内外学者研究发现，甘薯茎叶富含蛋白质、膳食纤维、多酚类物质、维生素、矿质元素等营养与功能成分，可提高人体免疫力，有助于身体健康。在日本，人们将甘薯茎叶与其他果蔬（如大麦嫩叶、芹菜叶、苹果汁等）按一定比例混合加工成青汁固体饮料，弥补了人们日常生活中对果蔬等的营养成分摄取的不足。在我国大部分甘薯茎叶都被丢弃或被用作饲料。甘薯茎叶青汁粉是将新鲜甘薯茎叶经新型制粉技术加工而成的一种色泽翠绿、富含多种营养与功能成分的粉末状制品。产品色泽翠绿，既可作为固体饮料，也可添加到馒头、面包、蛋糕等食品中，用途极为广泛。

（3）甘薯药用产品。作为药用价值极高的作物，甘薯根、茎、叶都可入药，可以起到益气力、活血化瘀、清热解毒等功效。国际上有报告指出，甘薯提取物能够降低胆固醇水平和Ⅱ型糖尿病患者空腹和餐后血糖水平，而且日本科学家也证实，甘薯抑制胆固醇生成的功效是其他植物的10倍，耐受性佳；紫甘薯多糖与5-氟尿嘧啶共同使用，可以显著提高对小鼠S180肉瘤的抑制率；同时发现甘薯中的花色苷对皮肤癌细胞增殖有抑制作用。虽然甘薯的抗癌、降血糖等药用价值极高，在美国、日本等发达国家也很受追捧，但是将其加入真正的药品的还不多见。

特种甘薯TSP-1是一种十分珍贵的药用甘薯。临床应用研究结果表明，该品种对治疗原发和继发性血小板减少症、过敏性紫癜、白血病、肾病综合征、非胰岛素依赖型糖尿病及各种内外出血症均有明显的作用。特种药用甘薯的深加工前景很广阔。药用甘薯是药食同源的作物，还可以制成各种副食品或掺入主食，起到保健作用；药用甘薯对止外伤流血有特效，可开发外敷用制品；药用甘薯含有多种生理活性物质，可以通过不同方法提取、分离、纯化，进而生产专用药品，造福于人类健康。

100 如何合理利用甘薯加工废弃物？

（1）甘薯加工废弃物直接排放污染环境。甘薯淀粉生产过程中会产生大量的废水废渣，直接排放或丢弃会对环境造成污染。

（2）废弃物处理办法。

① 减排法。废水处理可采取减排法，通过循环利用，提高水的利用率，

减少排放量。通过设计科学合理的工艺流程，使不同洁度的水用于不同需要，精加工废水用于粗加工的洗涤和分离，必要时增加过滤和沉降设施。

② **土地吸纳直接浇灌法。**将废水直接排放到闲茬秋翻地，通过土壤吸纳和微生物降解等过程，为下一茬作物提供土壤的肥力积累。

③ **蓄纳降解法。**将废水用水池蓄纳起来，让其自然降解后，再用于农田灌溉。

④ **建立污水处理系统。**此法运转成本高，对于小型企业和农户不适用。

（3）废弃物综合利用。在我国，甘薯主要被用于淀粉及其制品的生产，在此过程中，会产生大量的废液，可采用以下方法进行综合利用。

① **提取蛋白质。**甘薯废液中约含1.5%的甘薯蛋白质，还含有一些矿物质和糖，但通常被直接丢弃到环境中。甘薯蛋白质具有良好的功能和营养特性，且甘薯肽具有一定的生物活性。因此，从废液中回收甘薯蛋白质及生产甘薯肽，不仅可减轻废液对环境的污染，也是对资源的有效利用。可作为补充剂添加到营养蛋白质粉等产品中食用，也可以作为营养增补剂添加到馒头、面包、糕点、饼干等主食或休闲食品中。甘薯蛋白质生产技术主要包括：硫铵沉淀、等电点沉淀、膜滤技术、泡沫分离技术和热蒸汽蛋白质沉降技术等。

② **提取薯渣中的膳食纤维。**甘薯在生产淀粉过程中会产生大量的薯渣，由于薯渣里含有丰富的膳食纤维和蛋白质，利用薯渣提取膳食纤维可以变废为宝，提高甘薯资源的综合利用率，增加农民收入。提取膳食纤维的方法主要包括：粗分离法、化学分离法、酶解法、化学试剂与酶解结合法等。其中，酶解法因不需要强酸强碱溶液、高压，操作方便，节约能源，还可以省去部分工艺和仪器设备，有利于环境保护，适合于原料中淀粉和蛋白质含量高时膳食纤维的分离提取。由于甘薯渣中主要含有淀粉，因此，可采用单酶法（α-淀粉酶）制备甘薯膳食纤维，该方法操作简便，所得膳食纤维纯度高（>90%），适合大规模工业化生产。

参考文献

蔡威，2006．食物营养学［M］．上海：上海交通大学出版社．

陈伟，2011．国内外甘薯饮料的研究现状探析［J］．辽宁经济管理干部学院（辽宁经济职业技术学院）学报（2）：68–69．

邓福明，2012．酸浆法与旋流分离法制备甘薯淀粉的物化特性及粉条品质比较研究［D］．北京：中国农业科学院．

丰来，王征，左斌，2009．酶法提取分离甘薯渣可溶性膳食纤维的研究［J］．现代生物医学进展，9（12）：2273–2276．

郭亚姿，木泰华，2010．甘薯膳食纤维物化及功能特性的研究［J］．食品科技，35（9）：65–69．

何胜生，雷文华，廖菊英，2010．甘薯全粉的研究现状及加工前景［J］．农产品加工，226（11）：90–92．

江苏省农业科学院，山东省农业科学院，1984．中国甘薯栽培学［M］．上海：上海科学技术出版社．

靳艳玲，杨林，丁凡，等，2019．不同品种甘薯淀粉加工特性及其与磷含量的相关性研究［J］．食品工业科技，40（13）：46–51．

刘玉玲，1996．特种甘薯治疗过敏性紫癜的疗效观察与护理［J］．齐鲁护理杂志，2（4）：19–20．

陆漱韵，刘庆昌，李惟基，1998．甘薯育种学［M］．北京：中国农业出版社．

马代夫，李强，曹清河，等，2012．中国甘薯产业及产业技术的发展与展望［J］．江苏农业学报，28（5）：969–973．

欧行奇，任秀娟，杨国堂，2005．甘薯茎尖与常见蔬菜的营养成分分析［J］．西南农业大学学报（自然科学版），27（5）：630–633．

司学芝，李建伟，柳琴，1997．防止甘薯破碎后的褐变提高淀粉白度的研究［J］．郑州粮食学院学报，18（4）：37–40．

孙红男，木泰华，席利莎，等，2013．新型叶菜资源——甘薯茎叶的营养特性及其应用前景［J］. 农业工程技术（农产品加工业）(11)：45-49.

孙健，朱红，张爱君，等，2008. 酶法提取薯渣膳食纤维及制品特性研究［J］. 长江大学学报，5（1）：88-92.

徐飞，李洪民，张爱君，等，2010. 甘薯泥的开发及利用［J］. 江苏农业科学，3：332-324.

易中懿，汪翔，徐雪高，等，2018. 品种创新与甘薯产业发展［J］. 江苏农业学报，34（6）：1401-1409.

张毅，孔秀林，王洪云，等，2019. 不同品种紫甘薯花色苷含量与组分分析［J］. 江苏师范大学学报（自然科学版），37（2）：26-30.

中华人民共和国农业部，2009. 甘薯技术100问［M］. 北京：中国农业出版社.

钟子毓，林力卓，马晓鹏，等，2020. 不同甘薯品种薯皮肉酶促褐变的差异［J］. 江苏师范大学学报（自然科学版），38（1）：47-51.

KOUROUMA V，MU T H，ZHANG M，et al，2019. Effects of cooking process on carotenoids and antioxidant activity of orange-fleshed sweet potato［J］. LWT - Food Science and Technology，104：134-141.

LUDVIK B，HANEFELD M，PACINI G，2008. Improved metabolic control by Ipomoea batatas (Caiapo) is associated with increased adiponectin and decreased fibrinogen levels in type 2 diabetic subjects［J］. Diabetes Obesity Metabolism，10（7）：586-592.